化学工业出版社"十四五"普通高等教育规划教材

化工障碍排除型实训

徐清 龙能兵 干宁 主编

HUAGONG ZHANGAI PAICHUXING SHIXUN

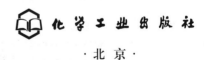
化学工业出版社

·北京·

内容简介

《化工障碍排除型实训》是实践性较强的化工基础类实验教材,旨在通过实训巩固和加深对化工原理、化学反应工程和化工热力学基本原理和概念的理解,掌握常见化工操作单元的基本操作方法和故障排除方式。全书共 12 章,前 8 章包括流体输送、流体输送管道拆装、过滤、吸收-解吸、传热、流态化干燥、动态变压吸附、精馏等化工操作及故障排除实训,第 9、10 章为流化床反应器、间歇式反应釜仿真操作及故障排除实训,最后 2 章采用拼装式仿真技术模拟了对苯二甲酸、甲醇的合成工艺流程及故障排除实训。本教材注重实践性和创新性,可为学生提供全面和深入的"障碍排除型"实验教学体验,提升学生的综合科研素质。

《化工障碍排除型实训》可作为高等理工院校化学工程与工艺、材料科学与工程等相关专业本科生和研究生的实验教材,也可供相关专业的技术人员参考。

图书在版编目(CIP)数据

化工障碍排除型实训 / 徐清,龙能兵,干宁主编.
北京:化学工业出版社,2025. 8. -- (化学工业出版社
"十四五"普通高等教育规划教材). -- ISBN 978-7
-122-48600-4

Ⅰ. O6-3
中国国家版本馆 CIP 数据核字第 20254KG251 号

责任编辑:刘志茹 宋林青　　　　　　文字编辑:杨凤轩 师明远
责任校对:宋　夏　　　　　　　　　　装帧设计:史利平

出版发行:化学工业出版社
　　　　　(北京市东城区青年湖南街 13 号　邮政编码 100011)
印　　装:三河市双峰印刷装订有限公司
787mm×1092mm　1/16　印张 12¼　字数 293 千字
2025 年 9 月北京第 1 版第 1 次印刷

购书咨询:010-64518888　　　　　　售后服务:010-64518899
网　　址:http://www.cip.com.cn
凡购买本书,如有缺损质量问题,本社销售中心负责调换。

定　　价:35.00 元　　　　　　　　　　版权所有　违者必究

《化工障碍排除型实训》编写人员

主　编：徐　清　龙能兵　干　宁

副主编：余镇重　黄世杰

参　编：赵传壮　金　花　李天华
　　　　董友仁　刘文杰　吴永祥

前　言

在"双碳"目标的推动下,绿色化工与智能制造正成为我国化工产业转型升级的关键驱动力。然而,传统的化工教学往往局限于验证性实验,难以复现真实生产环境中的复杂性,导致学生在面对实际问题时,缺乏系统分析和解决问题的能力。针对这一问题,宁波大学化学工程与工艺专业基于行业需求与教学实践的深入结合,创新性地开发了"化工障碍排除型实训"相关课程,并编写了本教材,其目的是构建理论与实践之间的桥梁,以培养能够适应新时代需求的复合型化工专业人才。

本教材以"问题导向、能力递进"为核心设计理念,突破传统实训模式,通过模拟真实化工生产环境中的典型障碍场景,引导学生从被动接受知识转向主动探索与创新。全书共设12个实训单元,涵盖流体输送、传热、精馏、反应器操作等化工生产核心环节,形成"理论讲解+实训+障碍排除案例分析"的递进式学习模式。内容深度融合"化工原理""化学反应工程"等理论课程知识,通过实景化的操作训练与仿真实训,帮助学生将抽象理论转化为实际技能。同时,本教材将安全意识的培养贯穿于每一个实训环节,深度融合虚拟仿真与智能分析工具,用数字技术赋能教学,同时全方位强化学生的跨学科整合能力与团队协作意识。

本教材第0~4章由徐清执笔,系统介绍了流体输送、过滤、吸收-解吸相关操作及障碍排除策略;第5、6章由黄世杰撰写,聚焦传热与流态化干燥技术的障碍排除策略;第7~10章由余镇重完成,深入解析动态变压吸附、精馏以及反应器仿真操作与障碍排除策略;第11、12章由龙能兵负责,介绍对苯二甲酸和甲醇合成工艺的拼装式仿真操作及障碍排除策略。干宁担任了宁波大学一流在线课程"化工障碍排除型实验"的教学视频录制工作,并对本教材的章节架构和内容表述进行了多轮精细化修订,以确保逻辑的严谨性和教学的实操性。

本教材是宁波市高校慕课联盟招标课程(宁波市校企合作课程)以及宁波大学一流在线课程"化工障碍排除型实验"的配套教材,同时也是宁波大学校企合作课程(编号:632400090)和宁波大学教学研究项目(编号: JYXM2025102)的研究成果。感谢宁波大学化工教研室的通力协作,以及宁波大学材料科学与化学工程学院、宁波海关技术中心、宁波中金石化有限公司对实训教学改革的高度重视与资源保障。感谢化学工业出版社编辑团队以专业态度确保了本教材的出版质量。此外,编写过程中参考了国内外多所高校的先进实训模式,在此深表谢意。

我们诚挚欢迎广大师生与行业专家提出宝贵建议,共同推动化工实训教学的持续优化。

编者
2025 年 5 月

目 录

第0章
绪　论

0.1 ▶ 化工实训教学的意义

化工实训教学作为连接理论知识与实际应用的桥梁，在培养学生实践能力和提升综合素质方面发挥着不可替代的作用。

0.1.1 学生实践能力的培养

（1）理论与实践的深度融合

化工实训首先是一个将抽象的化工理论转化为具体实践操作的平台。以流体输送操作为例，学生首先在"化工原理"课堂上学习流体力学的基本原理，包括流体的性质、流动类型、伯努利方程、管道阻力计算等理论知识。随后，在实训环节中，学生亲手操作真实流体输送系统，直观验证理论模型，从而深刻理解并巩固课堂上学到的知识。这种"学中做，做中学"的方式，使理论与实践实现了深度融合，帮助学生将抽象理论知识转化为可操作的技能，使他们能够更快地适应未来的工作岗位。

（2）技能与问题解决能力的提升

化工实训为学生提供了丰富的技能训练机会，如实训设备的使用、实训方案设计、数据处理等。这些技能是化工工程师必备的核心技能，通过实训进行不断练习，学生得以熟练掌握。同时，实训过程中常常会遇到各种问题，如化工设备故障、数据异常等。同样以流体输送操作为例，学生经常会遇到泵启动时不出水、泵进口加水时加不满等流体输送障碍，通过流体输送障碍排除实训，可以运用所学知识，结合创新思维来分析问题、解决问题，这一过程可以极大地提升学生解决问题的能力。

（3）安全意识与责任感的培养

化工行业对安全有着极高的要求，任何细微的疏忽都可能引发灾难性后果。以2020年8月4日黎巴嫩首都贝鲁特港口发生的巨大爆炸为例，该港口12号仓库长期违规储存2750吨硝酸铵，因安全管理严重缺失，发生了一起特大火灾爆炸事故，方圆10公里内的建筑无一幸免，最终造成至少220人死亡、6500多人受伤、30万人无家可归。这一惨痛教训深刻警示我们，安全是化工行业的生命线。在化工实训教学中，通过模拟真实工作环境，学生能够深入学习并严格遵守安全操作规程，体验障碍排除实训的应急处理流程，从而树立强烈的安全意识。同时，实训中的岗位分工、团队协作也可以培养学生的团队责任感和职业道德，为未来从事化工行业奠定坚实的安全素养基础。

0.1.2 学生综合素质的提升

（1）跨学科整合能力的培养

化工实训往往涉及多个学科的知识，如化学、物理、工程、计算机等，例如精馏操作就需要结合热力学计算与自动化控制技术。学生在实训中需要综合运用这些知识，这要求他们不仅需掌握专业知识，还需具备跨学科整合的能力。通过不断的实训探索，学生的这一能力可以得到极大提升，为他们未来的学术研究和职业发展打下坚实的基础。

（2）团队协作与沟通能力的提升

化工实训教学通常以小组形式进行，学生需要分工合作，共同完成实训任务。以流体输送操作为例，学生分别担任"电气仪表操作员""现场工控操作员""设备特性数据分析师"等角色，这一过程中，学生不仅可以学会如何与他人有效沟通，其团队协作精神和领导力也会得到培养。在团队中，每个学生都能发挥自己的长处，同时也可以学会倾听和尊重他人的意见，这对于他们未来的职业生涯和人际交往都是极为有益的。

（3）创新思维与批判性思维的激发

化工实训充满了未知和挑战，通过化工障碍设置（如换热器换热效果下降），引导学生在实训中不断尝试、调整工艺条件，探索多变量优化方案。这一过程可以激发他们的创新思维，培养他们的批判性思维。他们不仅要对实训结果进行客观分析，还要敢于质疑，勇于探索未知领域，这对于他们成为未来的科研工作者或创新型人才至关重要。

综上所述，化工实训教学在培养学生实践能力和提升综合素质方面发挥着举足轻重的作用。它不仅可以帮助学生将理论知识转化为实践技能，还可以提升他们的跨学科整合能力、团队协作能力、沟通能力和创新思维。因此，高校应高度重视化工实训教学，不断优化实训内容和方法，为学生提供更多、更好的实践机会，为社会培养更多高素质、高技能的化工人才。

0.2 ▶ "化工障碍排除型实训"的概念

0.2.1 "化工障碍排除型实训"的定义及课程设置背景

"化工障碍排除型实训"是一门实践性很强的专业课程，是"化工原理""化学反应工程""化工热力学"等课程的后续课程。它既不同于自然科学中的基础学科课程，又有别于专门研究具体化工类产品生产过程的专业课。"化工障碍排除型实训"通过模拟实际化工操作环境，训练学生识别、分析和解决化工生产中常见障碍的能力，加深对"化工原理""化学反应工程""化工热力学"等课程的基本原理和概念的理解，掌握常见化工操作单元的操作基本方法，同时掌握故障排查与设备维护技能。

当前，随着"双碳"目标的实施和绿色化工的快速发展，我国对化工实践人才的需求与日俱增。利用"化工障碍排除型实训"中的模拟和智能精准分析结果促进石油、生物医药等国家重点制造业的快速高效发展，对实现我国经济社会持续高质量发展具有重要意义。因此，宁波大学设置了化学工程与工艺专业，并将本课程设为化学工程与工艺专业的必修课程，其目的是培养学生将化工的基本知识、基本计算技巧和实验技术综合应用于化工生产设备及生产过程中的动手能力、观察能力、思维创新能力、数据采集能力、发现和解决实际问题的能力，进一步提高学生的综合科研素质。

0.2.2 "化工障碍排除型实训"与传统实训的区别

"化工障碍排除型实训"是化工实训教学体系中的关键环节，它不仅涵盖了化工生产中基础理论知识的巩固，还涉及实际操作技能和解决问题能力的培养。与传统的验证性实验或实训不同，"化工障碍排除型实训"更加注重实训过程中的探究性和创新性，通过实训中的障碍设置，使学生能够主动思考、发现问题并寻求解决方案。这种教学方式不仅符合新课程标准中对于创造性教学的要求，还能激发学生的学习兴趣，提高学生自主学习能力和团队协作精神。本课程与传统验证性实训的对比如表 0-1 所示。

表 0-1 本课程与传统验证性实训的对比

对比维度	传统验证性实训	化工障碍排除型实训
教学目标	验证理论结果	解决实际生产问题
操作模式	固定流程、预设条件	动态障碍设置、多变量调控
创新能力培养	有限	突出（需自主设计解决方案）
技术手段	基础设备操作	虚实结合（仿真＋实体装置）

0.2.3 "化工障碍排除型实训"在化工实训教学中的作用

（1）加深对化工专业知识的理解

"化工障碍排除型实训"通过模拟实际化工场景，帮助学生直观理解化工过程的变化，从而加深对化工基本概念和理论的理解。例如，在水-乙醇体系的精馏操作及障碍排除实训中，学生需操作精馏塔，面对系统压力增大、液泛等障碍，通过调整加热温度、加料量等参数来解决实际问题。这一过程可以使学生深入理解相对挥发度、汽液平衡等概念。通过障碍排除，学生深刻体会到化工过程中的变量控制与优化，从而加深对化工专业知识的理解，提升解决实际问题的能力。

（2）提高实际操作能力

"化工障碍排除型实训"要求学生亲自动手进行化工实际操作，可以提高他们的实际操作能力。在实训过程中，学生需要正确使用各种实训仪器和设备，掌握实训步骤和操作方法，从而确保实训的顺利进行。这种实际操作能力的培养对于化工专业的学生来说非常重要，因为化工生产中的许多操作都需要高度的精确性和熟练性。

（3）培养解决问题能力和创新思维

"化工障碍排除型实训"通过设置实训障碍，使学生在实训中能够遇到并解决问题。这种教学方式可以激发学生的学习兴趣和求知欲，促使他们主动思考、分析问题并寻求解决方案。在实训过程中，学生需要不断尝试和调整各项实训条件，以找到最佳的解决方案。这种不断尝试和调整的过程可以培养他们的创新思维和解决问题的能力。

（4）培养严谨的科学态度和实事求是的作风

"化工障碍排除型实训"要求学生严格遵守实验室守则和安全守则，确保实训过程的安全和准确性。在实训过程中，学生需要认真记录实训数据、观察实训结果并进行数据分析。

这种严谨的科学态度和实事求是的作风是化工专业学生必备的品质之一，也是他们未来从事化工生产和研究工作的重要基础。

0.3 ▶ 教材结构与内容安排

"化工障碍排除型实训"以"基础→进阶→综合"为主线，分为 12 个实训。每个实训围绕一个特定的化工单元操作或工艺流程展开，从基础操作到障碍排除，逐步深入。教材整体采用"理论讲解＋实训＋障碍排除案例分析"的模式，既保证了知识的系统性，又增强了学习的实用性和趣味性。各章节内容如下：

第 1 章"流体输送操作及障碍排除实训"主要介绍流体输送过程中所涉及流体阻力、流量计性能及管路性能的概念和实训方法。根据流体阻力，建立判断流程及依据，通过调整装置实现流体输送中故障的排除，为后续章节的实训打下基础。

第 2 章"流体输送管路拆装及障碍排除实训"通过拆装训练，使学生更加直观地认识管路，掌握管路拆装的基本技能，从而使学生的动手实践能力得到有效培养，为后续专业课程的学习打好基础；同时，将流体输送及管路拆装系统有机结合，配合泵阀、塔器、换热器拆装，锻炼化工总控及化工设备工程师的基本维修及操作能力。

第 3 章"过滤操作及障碍排除实训"通过过滤操作实训，使学生理解过滤在化工生产中的重要性，了解过滤操作中加料、真空抽滤、滤布再生等主要操作步骤及常见故障分析，掌握过滤操作中上述故障的处理方式和优化方案。

第 4 章"吸收-解吸操作及障碍排除实训"利用水作为媒介，从空气中捕获 CO_2 成分，通过实训，使学生能准确识别、绘制吸收-解吸实训工艺流程图，掌握填料吸收塔和解吸塔基本构造及工作原理，了解典型吸收-解吸工艺流程，建立吸收-解吸的整体概念，掌握填料吸收塔和解吸塔的基本操作、调节方法。

第 5 章"传热操作及障碍排除实训"通过换热器的实训，使学生理解换热器在化工生产中的重要性，掌握换热器常见的故障类型，如串液、外漏、压降过大和供热温度不足等情况的分析，掌握换热器上述故障的处理方式和优化方案。

第 6 章"流态化与流化床干燥操作及障碍排除实训"，通过实训使学生了解流化床干燥装置的基本结构、工艺流程和操作方法，学习测定物料在恒定干燥条件下干燥特性的实验方法，掌握根据实验干燥曲线求取干燥速率曲线以及恒速阶段干燥速率、临界含水量、平衡含水量的实验分析方法，掌握干燥条件对于干燥过程特性的影响。

第 7 章"动态变压吸附制取富氧及障碍排除实训"通过制取富氧的实训，使学生了解整个变压吸附的流程及操作，掌握变压吸附的基本原理，能分析影响吸附过程的因素，确定吸附制氧的最优操作条件，绘制变压吸附过程的穿透曲线，利用穿透曲线确定分子筛动态吸附容量，掌握吸附压力、气体流量变化对吸附剂的穿透时间和动态吸附容量的影响。

第 8 章"精馏操作及障碍排除实训"通过精馏操作，使学生能准确识别、绘制带仪表控制点的精馏工艺流程图，掌握精馏实训装置各设备的作用、结构和特点，掌握实际化工生产的操作技能，掌握精馏的传质与传热过程。

第 9 章"流化床反应器仿真操作及障碍排除实训"模拟采用流化床反应器来生产高抗冲击共聚物的工艺流程，通过仿真操作，使学生掌握流化床反应器装置的结构和特点，掌握通过仿真手段研究流化床反应器在实训操作过程中的方法，同时掌握该工艺流程的常见故障及其处理方法。

第 10 章"间歇反应釜仿真操作及障碍排除实训"模拟采用间歇反应釜来生产 2-巯基苯并噻唑的工艺流程，通过仿真操作，使学生掌握间歇反应釜装置的结构和特点，掌握通过仿真手段研究反应釜在间歇操作过程的方法，同时掌握该工艺流程的常见故障及其处理方法。

第 11 章"对苯二甲酸合成工艺的拼装式仿真操作及障碍排除实训"通过以组合拼装的方式构建出 PTA 合成的反应器单元操作过程，使学生学习化工积木的组装操作技巧和注意事项，包括管道的连接、阀门的调节、泵的安装等，综合运用所学的化学反应工程和化工单元操作知识，提高分析问题、解决问题的能力，搭建出对苯二甲酸（PTA）合成积木模型，能选择合适的反应器、换热器、流体输送泵、阀门和管道等设备，组装成连续反应工艺流程并运行。

第 12 章"甲醇合成工艺的拼装式仿真操作及障碍排除实训"通过以类似的组合拼装方式构建出甲醇合成的工艺流程，使学生综合运用所学的化学反应工程和化工单元操作知识，搭建出基于固定床反应器的甲醇合成积木模型，能选择合适的反应器、换热器、吸收塔、分离塔、循环压缩机、阀门和管道等设备，组装成连续反应工艺流程并运行。

其中，第 1～6 章为基础单元操作实训，包括流体输送、过滤、传热、干燥等，夯实操作基本功；第 7～10 章为复杂工艺实训，包括动态变压吸附制取富氧、精馏、流化床反应器仿真操作、间歇反应釜仿真操作等，强化系统调控能力；第 11、12 章为综合创新实训，包括 PTA 与甲醇合成工艺拼装式仿真操作，培养全流程设计与优化能力。各章节之间紧密相连，构成一个完整的化工实训操作体系。通过这些实训，学生不仅能够掌握各个化工操作的基本技能，更重要的是能够培养综合分析和解决问题的能力，为将来从事化工生产、研发及管理工作打下坚实的基础。此外，每个章节中的障碍排除实训部分，强调了学生需要掌握实践操作中的故障预防与应急处理能力，这对于提高化工生产的安全性和稳定性具有重要意义。

0.4 ▶ 化工实训安全环保知识

0.4.1 化工实训安全知识

化工实训作为化学工程与工艺领域的重要实践环节，其安全性至关重要。为了确保实验人员的人身安全和实验设备的完好，必须严格遵守安全操作规程，正确佩戴个人防护装备，并熟悉紧急处理方法。以下是对化工实训中安全操作规程、个人防护装备及紧急处理方法的详细介绍。

（1）安全操作规程

① 实训前准备

在正式开展实训之前，必须仔细阅读实训指导手册，并广泛搜集相关手册与学术文献，以便全面掌握原料与产物的物理特性数据。同时，需清晰理解实训的目的、原理、步骤、所需材料及潜在安全风险。此外，务必检查实训装置是否运行正常，确保实训环境整洁有序，严禁带入或堆积任何易燃易爆物品。在此基础上，还需做好实训预习报告，其内容应涵盖：a. 精确阐述实训的目的；b. 详细解析实训的基本原理，包括主反应与副反应的方程式、反应机理及操作步骤的说明等；c. 绘制主要实训装置图，并清晰标注各设备名称；d. 列出主要试剂及其物理性质和常数；e. 明确主要试剂的用量及具体规格要求；f. 细致规划实训步骤，通过流程图直观展示反应过程及产品分离纯化等相关流程，并附带相关问题的解答。

② 风险评估

对实训过程中可能出现的危险进行风险评估，包括化学品毒性、易燃易爆性、腐蚀性及反应剧烈程度等，制定相应的预防措施。

③ 个人防护

根据实训需要，正确佩戴个人防护装备，如实验服、防护眼镜、手套、口罩、防毒面具等。

④ 实训操作

严格按照实训步骤操作，避免随意更改实训条件，不得脱岗。使用化学品时，注意其标签上的安全信息，避免直接接触。

⑤ 实训记录

在实训过程中，需记录每一步的操作细节、观察到的实训结果以及异常现象，为后续的分析与总结奠定基础。严禁在实训结束后进行实训记录的补记。实训记录应涵盖实训的环境条件，如日期、天气情况；试剂与设备的具体规格、型号及品牌信息；实训地点；具体的操作步骤；以及实训结果，如反应液颜色的变化、沉淀与气体的生成情况、固体的溶解状态、反应温度、pH 值的波动以及加热后实验现象等。特别是当实训结果与预期不符时，应如实记录，并结合操作步骤，为后续讨论提供有力的依据。

⑥ 实训结束

实训结束后，应立即对实训现场进行清理，将化学品归位，并确保电源、水源及气体阀门均被安全关闭。随后写实训报告，报告内容应包括：实训日期、实训项目名称、所使用的设备与药品清单、实训原理、具体操作步骤、实训结果与深入的讨论分析、个人见解与建议等。撰写报告应条理清晰、文字简洁明了、结论准确无误，并保持书写整洁规范。

（2）个人防护装备

① 实验服：穿着专用实验服，避免化学品溅到皮肤上。实验服应定期清洗，保持清洁。

② 防护眼镜：佩戴防护眼镜，防止化学品飞溅到眼睛里。

③ 手套：根据实验需要，选择适当材质的手套，如橡胶手套、丁腈手套等，防止化学品腐蚀手部皮肤。

④ 口罩：在处理有毒或刺激性化学品时，佩戴防毒口罩或防尘口罩，防止吸入有害气体。

⑤ 防毒面具：在处理高毒性化学品时，应佩戴防毒面具，确保呼吸安全。

⑥ 安全鞋：穿着防滑、防砸的安全鞋，防止脚部受伤。

（3）紧急处理方法

① 酸液或碱液溅到眼睛：立即用洗眼器以大量清水冲洗。酸液溅入时，需使用1％的碳酸氢钠溶液进行二次冲洗；碱液溅入时，则需用1％的硼酸溶液进行中和冲洗。最后，务必再次用清水彻底清洗眼睛，确保无残留。伤势较为严重的个体，在完成这些急救步骤后，必须立刻将其送往医疗机构治疗。若伤害波及皮肤，其处理流程与眼部伤害基本相似。

② 玻璃割伤：若伤势较轻，首要之举是迅速排出伤口内的淤血，并利用经过消毒的镊子小心而仔细地移除伤口内的玻璃碎片。随后，使用蒸馏水对伤口进行彻底的清洁，并涂抹碘酊或汞溴红溶液进行消毒处理。最后，用绷带对伤口进行妥善的包扎，以促进愈合。若遭

遇严重的割伤，应立即用绷带紧紧包扎伤口的上方，以有效地控制出血，并立即将伤者送往医院救治。

③ 火灾：发现火源，立即使用灭火器扑灭。若火势无法控制，立即撤离，并拨打火警电话。

④ 化学品泄漏：迅速关闭泄漏源，使用沙土、吸油棉等材料吸收泄漏物，避免泄漏物扩散。同时，佩戴好个人防护装备，避免直接接触泄漏物。

⑤ 中毒：若感到头晕、恶心、呼吸困难等症状，应立即离开实验现场，到通风良好的地方休息，并拨打急救电话。

⑥ 紧急疏散：熟悉实验室的紧急疏散路线，确保在紧急情况下能够迅速、有序地撤离。

0.4.2　实验室环保知识

实验室排放的废液、废气及固体废弃物，若未经妥善处置而直接排放，对周遭环境与人体健康仍构成不容忽视的潜在威胁。现行的《实验室废弃化学品收集技术规范》（GB/T 31190—2014）规定了实验室废物的分类、收集、贮存、运输和处理的技术要求。作为化工实训场所，实验室需特别关注以下几项环保要求：

① 实验室内的每一项化学品及反应中间体，均需配备清晰醒目的标签，准确标明其化学名称，防范因误操作或信息缺失引发的错误处置乃至安全事故。

② 为避免化学试剂危害健康及污染环境，严禁用口吸方式移液，应使用洗耳球等专业工具，减少有害物质接触和意外泄漏，降低实验污染风险，践行绿色实验理念。

③ 在处理具有毒性或刺激性的化学物质时，必须在通风橱内作业，防止有害物质泄漏至实验室内部。

④ 废液需根据其化学性质进行分类收集，并妥善存放于贴有清晰标签的专用废液容器中，以便于后续的安全无害化处理。特别需要注意的是，某些废液之间存在不兼容性，如过氧化物与有机物、铵盐及挥发性胺与碱等，切勿混合存放。

⑤ 接触过有毒物质的各类实验器材，如滤纸及器皿等，均需进行分类收集，并统一进行无害化处理。

⑥ 为减少废液处理对环境的污染并保障人员安全，操作人员必须佩戴防护眼镜和橡胶手套，防止有害物质接触。对于刺激性、挥发性废液，需在通风橱内操作并佩戴防毒面具，避免有毒气体外泄污染空气。规范处理流程可有效降低化学品对生态环境的危害，实现安全环保的实验废弃物管理。

总之，化工实训安全操作规程、个人防护装备及紧急处理方法是确保实训人员安全、保障实训顺利进行的基础。每位实训人员都应严格遵守这些规定，提高安全意识，共同营造一个安全、和谐的实验环境。同时，高校和科研机构也应加强对实训人员的实验室环保知识培训，避免对周遭环境与人体健康构成威胁，确保化工实训的顺利进行。

0.5 ▶ 化工实训拓展及提升

实训结束后，针对实训中的问题及时总结，可以取得更好效果，以下是建议思考的一些问题。

（1）实训操作中的哪个问题引发了你的思考？

（2）操作过程中哪些步骤让你印象深刻？

（3）装置中哪些部件可以进行替换或优化？

（4）装置中哪些检测或控制单元会引发你的思考？

（5）是否存在类似的或更为先进的测定装置？

（6）数据误差的可能来源有哪些？

（7）对本装置有哪些建议？

（8）对本实训操作过程的心得体会有哪些？

第1章
流体输送操作及障碍排除实训

 导读

管道输送凭借其成本低、效率高、可靠性强等优势，成为石油输送的主要方式之一。中俄原油管道一线工程起自俄罗斯远东管道斯科沃罗季诺分输站，经中国黑龙江省和内蒙古自治区13个市、县、区，止于大庆末站，管道全长1030km，设计年输送量1500万吨，其高效、安全的输送对于我国的经济发展和能源安全保障至关重要。在原油输送过程中，借助俄罗斯斯科沃罗季诺泵站为石油提供动力，将石油从低压区域输送到高压区域，克服管道中的阻力，实现流体的连续稳定流动。为了确保石油的顺利输送，采用监测系统实时监测管道的压力、流量、温度等参数，一旦发现异常情况，能够及时发出警报并采取相应的措施。在石油管道输送的终点大庆末站，设有储油罐、炼油厂等设施，可以进行石油的储存、加工或分配。

1.1 ▶ 实训背景

流体是指具有流动性的物体，包括液体和气体，化工生产中所处理的物料大多为流体。按照生产工艺的要求，制作产品时，物料往往需要从一个车间转移到另一个车间，从一个工序转移到另一个工序，从一个设备转移到另一个设备；制成的产品又常需要输送到贮罐内贮存。流体输送是化工生产中最常见的单元操作，做好流体输送工作，对化工生产过程有着非常重要的意义。

本实训装置模拟化工生产场景，融入生产常用的泵组和罐区设计理念，注重流体输送时压力、流量、液位控制，运用多种输送设备和形式，还配备安全保护装置。通过对流体输送装置的实训，了解化工生产中流体输送原理，掌握流体输送操作、离心泵性能测定、流体流动管路阻力测定和流量计的标定等实训，为后续单元操作实训打下基础。

作为化工技术人员，在生产中需根据生产过程的具体情况，进行设备、仪表的选用，分析和处理流体输送过程可能出现的常见故障。因此，流体输送操作相关岗位除了要培养必要的操作技能外，更重要的是要培养应用流体输送的基本原理及规律，进行分析问题和处理问题的技术应用能力。

1.2 ▶ 实训目的

① 能够精确地辨识并绘制出流体输送实训的工艺流程图。

② 深入理解流体输送实训装置中各设备的功能、构造及特性，并通过实训掌握实际化工生产的操作技能。

③ 掌握流体输送中离心泵输送、真空输送及压力输送等方式的特点。

④ 掌握流体输送的基本操作流程、调节技巧，理解流体输送的主要影响因素。

⑤ 熟悉流体输送过程中常见的故障现象，并掌握相应的处理方法。

⑥ 掌握正确使用设备、仪表的方法与技巧，同时能及时进行设备、仪器、仪表的维护与保养。

⑦ 掌握开车前的准备工作，以及停车后的处理工作。

⑧ 熟悉并掌握流体输送正常开车、操作和停车的基本方法，能够按操作要求将流体输送设备调节到指定工艺指标。

⑨ 完成流体流动阻力特性测定、离心泵特性曲线测定、流量计校核等实训内容。

⑩ 熟悉并掌握离心泵的串、并联实训操作。

⑪ 能正确填写流体输送操作记录，并对各种数据进行及时分析。

⑫ 掌握监测设备的运行情况，随时发现、正确判断、及时排除各种异常障碍现象（如离心泵汽蚀、气缚等），熟悉特殊情况下进行紧急停车操作的方法与技能。

1.3 ▶ 流体输送操作实训装置简介

1.3.1 装置结构

本实训的流体输送工艺流程图和流体输送装置现场图分别如图 1-1 和图 1-2 所示。

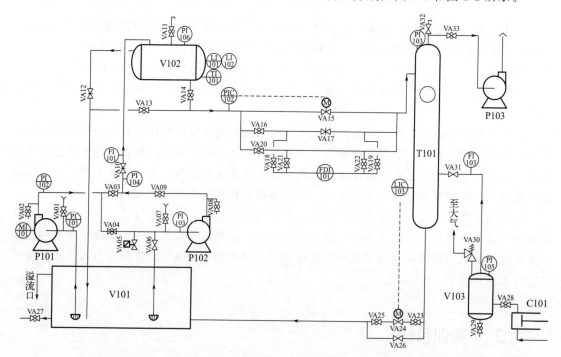

图 1-1　流体输送工艺流程图

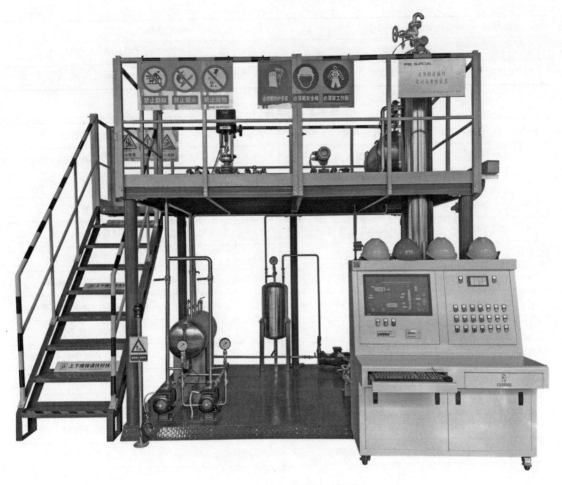

图 1-2　流体输送装置现场图

　　该装置主要由高位槽、合成器、转子流量计、原料水槽、缓冲罐、1♯和2♯泵等设备组成，主要分为静设备、动设备、阀门等，静设备主要有吸收塔、原料水槽、高位槽、缓冲罐等，动设备主要有离心泵、真空泵、空气压缩机（简称空压机）等，其主要设备一览表如表 1-1 所示，主要阀门一览表如表 1-2 所示。如图 1-1 所示，高位槽 V102 位于装置的上方，与原料水槽 V101、泵 P101、泵 P102 等设备通过管道相连，在流体输送中起到缓冲和分配液体的作用。

表 1-1　主要设备一览表

位号	名称	规格型号
T101	吸收塔	ϕ325mm×1300mm,容积 110L,304 不锈钢,立式
V101	原料水槽	1000mm×600mm×500mm,容积 300L,304 不锈钢,立式
V102	高位槽	ϕ426mm×700mm,容积 100L,304 不锈钢,立式
V103	缓冲罐	ϕ400mm×500mm,容积 60L,304 不锈钢,立式
P101	1♯泵	离心泵,$P=0.5$kW,流量 $Q_{max}=6$m³/h,$U=380$V
P102	2♯泵	离心泵,$P=0.5$kW,流量 $Q_{max}=6$m³/h,$U=380$V

右上角：续表

位号	名称	规格型号
P103	真空泵	旋片式，$P=0.37kW$，真空度 $p_{max}=-0.06kPa$，$U=220V$
C101	空气压缩机	往复空压机，$P=2.2kW$，流量 $Q_{max}=0.25m^3/min$，$U=220V$

表 1-2 主要阀门一览表

序号	位号	阀门名称	序号	位号	阀门名称
1	VA01	1♯泵灌泵阀	18	VA18	局部阻力管高压引压阀
2	VA02	1♯泵排气阀	19	VA19	局部阻力管低压引压阀
3	VA03	并联2♯泵支路阀	20	VA20	光滑管
4	VA04	双泵串联支路阀	21	VA21	光滑管高压引压阀
5	VA05	电磁阀故障点	22	VA22	光滑管低压引压阀
6	VA06	2♯泵进水阀	23	VA23	进电动调节阀手动阀
7	VA07	2♯泵灌泵阀	24	VA24	吸收塔液位控制电动调节阀
8	VA08	2♯泵排气阀	25	VA25	出电动调节阀手动阀
9	VA09	并联1♯泵支路阀	26	VA26	吸收塔液位控制旁路手动阀
10	VA10	流量调节阀	27	VA27	原料水槽排水阀
11	VA11	高位槽放空阀	28	VA28	空压机送气阀
12	VA12	高位槽溢流阀	29	VA29	缓冲罐排污阀
13	VA13	高位槽回流阀	30	VA30	缓冲罐放空阀
14	VA14	高位槽出口流量手动调节阀	31	VA31	吸收塔进气阀
15	VA15	高位槽出口流量电动调节阀	32	VA32	吸收塔放空阀
16	VA16	局部阻力管阀	33	VA33	抽真空阀
17	VA17	局部阻力闸阀			

1.3.2 装置流程

本装置的流程主要分为常压和真空两种，它们在实现物料输送这一基本目标上是一致的，但在具体的操作方式和设备运行条件上有所区别。

常压流程要借助流体输送机械向流体作功以提高流体机械能，本实训中的常压流程采用的流体输送机械是离心泵，原料水槽 V101 中的料液输送到高位槽 V102，有三种途径：

① 由 1♯泵或 2♯泵输送；

② 1♯泵和 2♯泵串联输送；

③ 1♯泵和 2♯泵并联输送。

常压流程中，高位槽 V102 内的料液通过三根平行管（这三根平行管中，一根可测离心泵特性，另外一根可测直管阻力，最后一根可测局部阻力）进入吸收塔 T101 的顶部，与底部上升的气体充分混合后，从塔底排出并返回到原料水槽 V101 进行循环利用。空气由空气压缩机 C101 进行压缩处理，接着通过缓冲罐 V103，然后进入吸收塔 T101 的下部区域，在那里与液体进行充分接触，最后从塔的顶部进行放空。

真空流程在物料主流程上与常压流程类似，但需要通过一系列特定阀门的操作和真空泵的启动来改变系统压力环境，从而实现真空条件下的物料输送。

真空流程中，依次关闭 1♯泵 P101 和 2♯泵 P102 的灌泵阀，以及高位槽 V102 和吸收塔 T101 的放空阀、进气阀。然后启动真空泵 P103，将系统内的物料气体抽出并进行放空处理。

1.3.3 装置配套岗位操作技能

本装置仿照化工生产系统构建，配备了流量比例调节系统，旨在培养学生的实际化工生产操作技能。它能够实现流体输送，包括液体输送、气体输送以及真空输送，并可通过此装置完成离心泵的各项实训以及管路阻力相关的实习，进而提升学生的故障判断与排除能力，具体如下。

① 液体输送岗位技能：离心泵开停车、流量调节、气缚、汽蚀，离心泵串、并联，离心泵故障判断与排除。液体输送是基础，而气体输送岗位技能与之紧密相关，空压机和真空泵的有效操作能为整个流体输送系统创造不同的压力环境，确保物料在不同状态下顺利输送，这对后续的设备特性研究以及现场工况调节等都有着重要影响。

② 气体输送岗位技能：空压机开停车以及缓冲罐压力的调节，真空泵开停车以及真空度调节方法。

③ 设备特性岗位技能：离心泵特性曲线、管路特性曲线、直管阻力、阀门局部阻力测定以及孔板流量计性能校核。

④ 现场工况岗位技能：各类泵、电动调节阀和手动调节阀的调节，贮罐液位调节控制及高低报警，气液混合效果操控及液封调节。

⑤ 化工电气仪表岗位技能：孔板流量计、涡轮流量计、电磁流量计、电动调节阀、差压变送器、光电传感器、热电阻、压力变送器、功率表、记录仪、闪光报警器等的使用，以及单回路、串级和比值控制等控制方案的实施。各个岗位技能相互配合，共同构成了完整的流体输送操作体系，其中盲板管理操作功能和联锁系统投运、切除及检修操作能力的培养，有助于提升学生应对复杂生产情况和保障生产安全的能力。

此外，为了避免在生产及检修过程中发生不同物料间的交叉污染，确保管道系统之间的有效隔离，并增强学生的安全管理意识，本装置特别配备了盲板管理操作功能；为确保生产安全，在 2♯泵系统发生故障并停止运行时，系统将自动联锁启动 1♯泵，以此方式锻炼学生的联锁系统投运、切除及检修的实际操作能力。

1.3.4 装置工艺操作指标及控制方案

在流体输送过程中，各个工艺变量都需满足一定的控制标准。其中，有些工艺变量对产品的产量和质量具有至关重要的影响。尽管有些工艺变量并不直接决定产品的产量和质量，但保持其稳定却是实现生产良好控制的基础。

为了满足实际操作训练的需求，可以采取两种方式：一种是人工进行直接控制，另一种则是利用自动化技术进行控制。运用自动化仪表等控制设备，可以替代人工的观察、判断、决策和操作过程。

在化工生产过程中，推广和应用先进的控制策略来调控操作单元的操作指标，能够显著提升生产过程的稳定性和产品质量的合格率，这对于降低生产成本、实现节能减排、减少资源消耗以及提升企业的整体经济效益都具有十分重要的意义。

（1）装置工艺操作指标

装置的工艺操作指标如表 1-3 所示。

表 1-3 工艺操作指标一览表

操作单元	操作指标
离心泵进口压力	$-15\sim-6$kPa①
1♯泵单独运行时出口压力	$0.15\sim0.27$MPa（流量为 $0\sim6$m³/h）
两台泵串联时出口压力	$0.27\sim0.53$MPa（流量为 $0\sim6$m³/h）
两台泵并联时出口压力	$0.12\sim0.28$MPa（流量为 $0\sim7$m³/h）
光滑管阻力压降	$0\sim7$kPa（流量为 $0\sim3$m³/h）
局部阻力管阻力压降	$0\sim22$kPa（流量为 $0\sim3$m³/h）
离心泵特性流体流量	$2\sim7$m³/h
阻力特性流体流量	$0\sim3$m³/h
液位控制	吸收塔液位：$1/3\sim1/2$

① 此压力范围确保离心泵在合适的吸入条件下工作，压力过低可能引发汽蚀，破坏泵的叶轮等部件，影响泵的性能和寿命。

（2）主要控制点的控制方案

在 DCS 控制中通过 PID（proportional-integral-differential）控制器调整气动阀、电动阀和电磁阀等自动阀门的开关闭合。PID 算法是一种常用的自动控制算法，它根据设定值（期望值）与实际输出值（被控量）构成的误差信号，通过比例（proportional）、积分（integral）和微分（differential）三个环节的线性组合来计算被控量，以实现对系统的精确控制。在 PID 控制器中可以实现三种控制模式的切换，即①［AUT］计算机自动控制；②［MAN］计算机手动控制；③［CAS］串级控制。［CAS］串级控制指两个调节器串联起来工作，其中一个调节器的输出值作为另一个调节器的设定值。

PID 控制过程如下。

① 实际测量值［PV］：由传感器测得。

② 设定值［SP］：计算机根据设定值［SP］和实际测量值［PV］之间的偏差，自动调节阀门的开度（输出值），可在［AUT］自动模式下调节此参数。

③ 输出值［OP］：计算机手动输入 $0\sim100$ 的数据调节阀门的开度，可在手动模式下调节此参数。

水路控制和吸收塔液位控制流程图分别如图 1-3 和图 1-4 所示。

当联锁系统投运时，需将联锁开关 VA26 调至投运状态。若 2♯泵的进口压力降至电接点压力表所设定的阈值以下，系统将自动停止 2♯泵的运行，并同时自动启动 1♯泵。

（3）声光报警系统

信号报警系统有：试灯状态、正常状态、报警状态、消音状态、复原状态。

① 试灯状态：在正常状态下，检查灯光回路是否完好（按控制柜面板上的试验按钮1）。

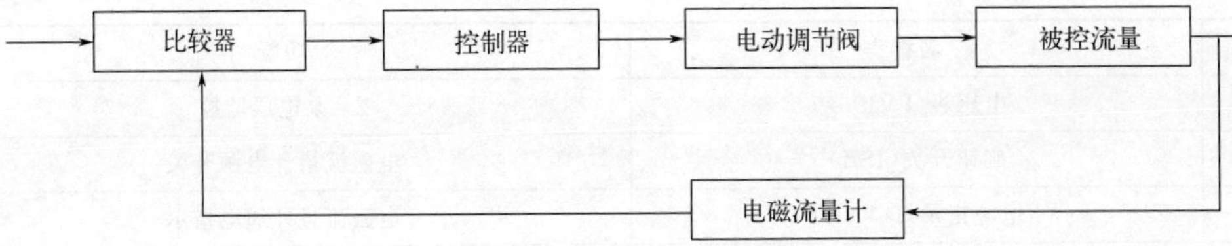

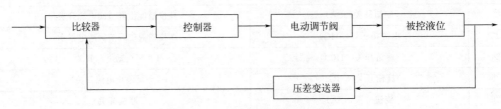

图 1-3　水路控制流程图

图 1-4　吸收塔液位控制流程图

② 正常状态：此时，设备运行正常，没有灯光或音响信号。

③ 报警状态：当被测工艺参数偏离设定值或运行状态出现异常时，发出音响灯光信号（控制柜面板上的闪光报警器 2），以提醒操作人员。

④ 消音状态：操作人员可以按控制柜面板上的消音按钮 3，从而解除音响信号，保留灯光信号。

⑤ 复原状态：当故障解除后，报警系统恢复到正常状态。

（4）现场控制柜面板

控制柜面板一览表如表 1-4 所示，记录仪组态如表 1-5 和表 1-6 所示。

表 1-4　控制柜面板一览表

序号	名称	功能
1	试验按钮	试音状态
2	闪光报警器	报警指示
3	消音按钮	消除报警声音
4	C3000 仪表调节仪（1A）	显示操作
5	C3000 仪表调节仪（2A）	显示操作
6	标签框	通道显示表
7	标签框	通道显示表
8	仪表开关（SA1）	仪表电源开关
9	报警开关（SA2）	报警电源开关
10	空气开关（2QF）	仪表总电源开关
11	电脑安装架	安装电脑
12	电压表（PV101）	空气开关电压监控
13	电压表（PV102）	空气开关电压监控
14	电压表（PV103）	1♯泵电压监控
15	电压表（PV104）	1♯泵电压监控
16	电压表（PV105）	2♯泵电压监控

续表

序号	名称	功能
17	电压表(PV106)	2♯泵电压监控
18	旋钮开关(1SA)	电磁流量计电源开关
19	电源指示灯(1HG)	电磁流量计通电指示
20	旋钮开关(2SA)	吸收塔液位调节阀电源开关
21	电源指示灯(2HG)	吸收塔液位调节阀通电指示
22	旋钮开关(3SA)	高位槽液位调节阀电源开关
23	电源指示灯(3HG)	高位槽液位调节阀通电指示
24	旋钮开关(4HG)	1♯泵启动电源开关
25	旋钮开关(5HG)	1♯泵停止电源开关
26	旋钮开关(4SA)	联锁开关
27	旋钮开关(6HG)	2♯泵启动电源开关
28	旋钮开关(7HG)	2♯泵停止电源开关
29	旋钮开关(5SA)	真空泵电源开关
30	黄色指示灯	空气开关通电指示
31	绿色指示灯	空气开关通电指示
32	红色指示灯	空气开关通电指示
33	空气开关(QF1)	电源总开关

表 1-5　C3000 仪表（A）组态一览表

通道序号	通道显示	位号	单位	信号流量	量程
			输入通道		
第一通道	高位槽温度	TI-101	℃	4～20mA	0～50
第二通道	1♯泵进口压力	PI-101	MPa	4～20mA	−0.1～0.2
第三通道	1♯泵出口压力	PI-102	MPa	4～20mA	0.0～0.3
第四通道	吸收塔进水直管阻力压差	PDI-107	kPa	4～20mA	0～30

表 1-6　C3000 仪表（B）组态一览表

通道序号	通道显示	位号	单位	信号流量	量程
			输入通道		
第一通道	吸收塔液位	LI-103	mm	4～20mA	0～1200
第二通道	高位槽液位	LI-101	mm	4～20mA	0～400
第三通道	高位槽出口流量	FIC-102	m^3/h	4～20mA	0～25
第四通道	气体流量	FI-103	m^3/h	4～20mA	0～12
第五通道	离心泵功率	WI-101	W	4～20mA	0～1500
第六通道	离心泵转速	SI-101	r/min	4～20mA	0～3000
			输出通道		
第一通道	吸收塔液位控制	LV-103	%	4～20mA	0～100
第二通道	水路流量控制	FV-102	%	4～20mA	0～100

1.3.5　装置联调试车

装置联调试车是用水等介质，进行的一种模拟生产状态的试车。目的是检验生产装置连续通过物料的性能，同时，可以通过观察检验仪表是否能准确地指示流量、温度、压力、液位等数据，以及设备的运转是否正常等情况。装置安装时已进行此操作，其在装置初次开车时很关键，平常的实训操作时，可以根据具体情况，操作其中的某些步骤或不操作，此操作主要作为设备大修后老师检查用。试车步骤如下：

① 为确认泵轴的灵活性，移除泵尾部的保护盖，并手动旋转泵尾叶轮两整圈。在此过程中，需留意泵是否发出异常声响，并注意叶轮旋转是否顺畅轻便。检查结束后，请重新安装好保护盖。

② 将液体注入泵内，确保泵内充满液体并排出所有气体（对于 1♯泵，应通过操作阀门 VA01、阀门 VA02 来向离心泵内灌水；对于 2♯泵，则通过操作阀门 VA07、阀门 VA08 进行灌水。灌水完成后，请务必关闭相应的阀门）。

③ 按下水泵的启动按钮以激活水泵。一旦水泵启动且运转平稳无异常，就可以进行连续的运转试车。试车过程应持续至少 10min，应达到：

a. 设备运行稳定且未产生异常声响，冷却系统和润滑系统运行良好；

b. 轴承的工作温度保持在正常范围内；

c. 轴承外壳的振动幅度未超出规定的标准；

d. 设备的流量和扬程均达到了产品铭牌上标明的数值或通过检测的性能标准；同时，电机的电流也保持在额定值之内，没有超负荷运转。

试车安全注意事项如下：

① 试车过程应当有序展开，并且需要指定专人负责监督试车过程中的各项安全检测任务。

② 应有指定的人员专门负责水泵的启动和关闭操作，同时必须严格遵守水泵的启动和关闭操作流程来进行操作。

③ 一旦在试车过程中发现任何异常的声响或其他不寻常情况，就必须立刻停止操作，找出问题的根源并在解决后再次试车，绝对不允许在设备有故障的情况下继续运行。

1.3.6　装置试压试漏

装置试压试漏步骤如下：

① 对水箱进行彻底清洗，随后将水注入至水箱高度的 2/3。请注意，在执行接下来的步骤时，应持续关注水位变化，并及时补充水量，以避免水泵发生抽空现象。

② 进行灌泵操作，先开启 1♯泵的灌泵阀门 VA01 向 1♯泵内灌水，同时开启排气阀门 VA02，持续操作至 PU 管中有清水流出且不含气泡。接着，开启 2♯泵的灌泵阀门 VA07 向 2♯泵内灌水，同时开启排气阀门 VA08，直到 PU 管中流出无气泡的清水为止。

③ 启动其中一台离心泵，操作步骤如下。

a. 若选择启动 1♯泵，则需先开启阀门 VA03 和 VA10（注意，在泵启动之前应关闭这些阀门，待泵启动后再适当调整其开度），然后开启溢流阀门 VA12。接下来，关闭阀门 VA04、VA06、VA09、VA13 以及 VA14。最后，适当开启放空阀门 VA11，以便向高位槽内注入水。

b. 若选择启动 2♯泵，操作步骤类似。先开启阀门 VA06、VA09 以及 VA10（同样，在泵启动前需关闭这些阀门，启动后再调整开度），然后开启溢流阀门 VA12。接着关闭阀门 VA03、VA04、VA13 和 VA14。最后，适当开启放空阀门 VA11，为高位槽加水。

④ 开启阀门 VA14，接着关闭阀门 VA12、VA16、VA20、VA18、VA21、VA19、VA22、VA17、VA33 和 VA31。适当打开放空阀门 VA32，并开启阀门 VA23、VA15 以及 VA25，或者选择打开旁路阀门 VA26 并调整其至适当开度，以便向吸收塔内注入水。

⑤ 一旦吸收塔被水完全填满，可以关闭吸收塔的放空阀门 VA32，进而提升系统压力至 0.10MPa，并持续 10min。在此期间，检查系统设备是否存在泄漏情况。

⑥ 启动空气压缩机，确保空气缓冲槽的压力稳定在大约 0.10MPa。随后，对空气系统设备进行检查，确认无泄漏现象，即为试压试漏合格。

1.4 ▶ 流体输送操作实训

本装置有配套的化工仿真软件，可先到机房上机进行仿真操作后，再到化工单元实训基地进行如下实训操作。操作之前，请仔细阅读本流体输送操作实训内容，必须穿戴合适的实验服、防护手套和安全帽，服从指挥。

1.4.1　开车前准备

开车前的准备依次如下。

① 全员必须穿戴实验服、安全帽和防护手套等防护用具。

② 推选一位成员为组长，组长指挥整个操作过程，组员服从组长和老师的指挥。

③ 熟悉流体输送基础知识、流体输送实训装置的流程图、实训内容及操作步骤和注意事项。

④ 由组长带领组员组成装置检查小组，对本装置所有设备、管道、阀门、仪表、电气系统、照明系统、分析系统、保温系统等按工艺流程图要求和专业技术要求进行检查。

⑤ 进行试电，具体步骤如下：

a. 对外部供电系统进行细致检查，确保控制柜上的所有开关都处于关闭状态，为后续操作做好准备。

b. 打开外部供电系统的总电源开关，为整个系统提供电力。然后打开控制柜上的空气开关 33，确保电力能够顺畅传输。

c. 打开空气开关 10 和仪表电源开关 8，随后观察并确保所有仪表均已通电且指示正常，以便准确监控系统运行状态。

d. 将所有阀门按照顺时针方向旋转至关闭状态。同时，检查孔板流量计的正压阀和负压阀，确认它们都处于开启状态（在实训过程中需保持这种开启状态）。

⑥ 加水：将原料水槽的排水阀门 VA25 关闭，接着向原料水槽内加水，直至浮球阀自动关闭为止，然后切断自来水供应。

⑦ 开机，具体步骤如下：

a. 启动计算机的电源。

b. 打开控制柜面板中的旋钮开关 18（电磁流量计电源开关）、旋钮开关 20（吸收塔液位调节阀电源开关）、旋钮开关 22（高位槽液位调节阀电源开关）。

c. 双击桌面上"MCGS 运行环境"图标，进入流体输送实训软件界面，选择并开展一系列实训操作。本章流体输送过程可分为单泵、泵串联、泵并联和泵的联锁投运、真空输送、配比输送等实训。有些实训有两种方法，本章主要采用方法一。

1.4.2　单泵实训

（1）方法一

开启阀门 VA03，使液体从 1♯ 泵流向高位槽；同时开启溢流阀门 VA12，防止高位槽过载；关闭阀门 VA04，防止液体倒流；同时关闭阀门 VA06、VA09、VA13 和 VA14；适当调整放空阀门 VA11 的开度，以便控制高位槽液位和压力，进而影响 1♯ 泵的吸入性能。这些操作都与流程图中的管道连接和设备布局密切相关。最终，液体可以直接从高位槽流入原料水槽中。具体实训步骤如下：

① 灌泵

开启 1♯ 泵的灌泵阀门 VA01 向 1♯ 泵内灌水，同时开启排气阀门 VA02，持续操作至 PU 管中有清水流出且不含气泡。

② 操作控制柜

按下控制柜面板旋钮开关 24（1♯ 泵启动电源开关），开关绿灯亮起，启动 1♯ 泵。

③ 操作阀门

a. 开启阀门 VA03 和 VA12。

b. 关闭阀门 VA04、VA06、VA09。接着，有两种方案可以进行离心泵特性曲线测定实训。

方案 1：开启阀门 VA13、VA14，高位槽内液体在水位能作用下直接流回原料水槽，建议采用此操作来进行离心泵特性曲线测定实训。

方案 2：关闭阀门 VA13，调节放空阀 VA11 开度约 30%，合适开度（阀 VA14）可控制高位槽内液位高度（注意：避免漏液）。待高位槽液位高度稳定到 1/2～2/3 处时，再全开阀门 VA14，也可进行离心泵特性曲线测定实训。但是此方案流量既不能太大，以免高位槽中过多的水从放空阀 VA11 溢流出来；流量又不能太小，以免高位槽水位不足。

c. 适当调整放空阀 VA11 的开度，将液体灌进高位槽，高位槽充满液体后液体可以直接流入原料水槽。

④ 控制流量

开启阀门 VA10（泵启动前关闭，泵启动后根据要求开到适当开度），通过该阀门调节液体流量分别为 $2m^3/h$、$3m^3/h$、$4m^3/h$、$5m^3/h$、$6m^3/h$、$7m^3/h$，这些流量可以通过高位槽流体入口转子流量计测得，电动调节阀 VA15 无须调节。

⑤ 离心泵特性曲线测定（用 1♯ 泵进行测定）

在 C3000 仪表上或监控软件上监控离心泵特性数据。等待至少 5 min 后，点击软件界面的"采集数据"，记录相关测定数据。

（2）方法二

开启阀门 VA03，关闭溢流阀 VA12，同时关闭阀门 VA04、VA06、VA09、VA11、阀门、阀门、阀门、VA20、VA18、VA21、VA19、VA22、VA17、VA33 和 VA31。适当打

开放空阀 VA32，并开启阀门 VA14、VA23 和 VA25，或者选择打开旁路手动阀门 VA26 并调整至适当开度。这样，液体可以从高位槽流经吸收塔后，进入原料水槽。

单泵实训有利于熟悉单个离心泵的基本操作，为后续泵串联和并联实训奠定了基础。泵串联实训可增加系统压力，适用于需要克服较大阻力的情况；泵并联实训则侧重于提高流量，以满足较大流量需求。

1.4.3 泵串联实训

（1）方法一

启动阀门 VA04、VA09、VA06 及 VA12，同时关闭阀门 VA03、VA13、VA14，并对放空阀 VA11 进行适度调节，以确保其处于适度打开状态。随后，液体被直接引导从高位槽自动流入原料水槽中。实训步骤如下：

① 灌泵

a. 开启 1♯泵的灌泵阀门 VA01 向 1♯泵内灌水，同时开启排气阀门 VA02，持续操作至 PU 管中有清水流出且不含气泡。

b. 开启 2♯泵的灌泵阀门 VA07 向 2♯泵内灌水，同时开启排气阀门 VA08，直到 PU 管中流出无气泡的清水为止。

② 操作控制柜

a. 打开控制柜面板中按钮开关 24，开关绿灯亮起，启动 1♯泵。

b. 打开按钮开关 27，开关绿灯亮起，启动 2♯泵。

③ 操作阀门

a. 开启阀门 VA04、VA09、VA06、VA12；

b. 关闭阀门 VA03、VA13、VA14；

c. 适度打开放空阀 VA11，液体灌进高位槽，将高位槽充满后，直接流入原料水槽。

④ 控制流量

开启阀门 VA10（泵启动前关闭，泵启动后根据要求开到适当开度，以调节液体流量），调节液体流量分别为 $2m^3/h$、$3m^3/h$、$4m^3/h$、$5m^3/h$、$6m^3/h$、$7m^3/h$，该流量通过高位槽流体入口转子流量计来读取。

（2）方法二

启动阀门 VA04、VA09 及 VA06，随后关闭溢流阀 VA12，并关闭阀门 VA03、VA11、VA13、VA16、VA20、VA18、VA21、VA19、VA22、VA17、VA33 及 VA31。接着，适度调节放空阀 VA32 至开启状态，同时选择性地开启阀门 VA14、VA23、VA25 或调整旁路手动阀 VA26 至适宜的开度，以确保液体顺利从高位槽流经吸收塔后，最终流入原料水槽内。

串联后的泵组在性能上与单泵有明显差异，这种操作方式在实际化工生产中，常用于长距离输送或对压力要求较高的工艺流程中。

1.4.4 泵并联实训

（1）方法一

开启阀门 VA03、VA09、VA06 及 VA12，同时关闭阀门 VA04、VA13、VA14，并对放空阀 VA11 进行调节，以确保其处于适度开启状态。随后，液体被直接引导从高位槽自动流入原料水槽中。实训步骤如下：

① 灌泵

a. 开启阀门 VA01 给 1♯泵灌水，开启排气阀 VA02，持续进行直至观察到 PU 管中流出清水并且不含气泡为止。

b. 开启阀门 VA07 给 2♯泵灌水，开启排气阀 VA08，持续进行直至观察到 PU 管中流出清水并且不含气泡为止。

② 操作控制柜

a. 启动控制柜面板中按钮开关 24，开关绿灯亮起，启动 1♯泵。

b. 启动按钮开关 27，开关绿灯亮起，启动 2♯泵。

③ 操作阀门

a. 开启阀门 VA03、VA09、VA06、VA12；

b. 关闭阀门 VA04、VA13、VA14；

c. 适当开启放空阀 VA11，液体灌进高位槽，将高位槽充满后，直接流入原料水槽。

④ 流量

开启阀门 VA10（泵启动前关闭，泵启动后根据要求开到适当开度以调节液体流量），调节液体流量分别为 $2m^3/h$、$3m^3/h$、$4m^3/h$、$5m^3/h$、$6m^3/h$、$7m^3/h$，该流量通过高位槽流体入口转子流量计来读取。

（2）方法二

开启阀门 VA03、VA09 及 VA06，随后关闭溢流阀 VA12，并关闭阀门 VA04、VA11、VA13、VA12、VA16、VA20、VA18、VA21、VA19、VA22、VA17、VA33 及 VA31。接着，适度调节放空阀 VA32 至开启状态，同时选择性地开启阀门 VA14、VA23、阀门 VA25 或调整旁路手动阀 VA26 至适宜的开度，以确保液体顺利从高位槽流经吸收塔后，最终流入原料水槽内。

泵并联操作能在不改变单个泵性能的基础上，有效提升整体流量，在需要大流量输送的生产环节发挥重要作用，与泵串联操作互为补充。

1.4.5　泵的联锁投运实训

泵的联锁投运是指在泵的运行系统中，将泵与其他设备或系统通过联锁装置连接起来，当系统中的某个泵出现故障或需要停止运行时，联锁装置会自动启动备用泵，以保证生产的连续性和稳定性。泵的联锁投运实训是在泵的并联基础上进行操作的。实训步骤如下：

（1）灌泵

① 开启阀门 VA01 给 1♯泵灌水，开启排气阀 VA02，持续进行直至观察到 PU 管中流出清水并且不含气泡为止。

② 开启阀门 VA07 给 2♯泵灌水，开启排气阀 VA08，持续进行直至观察到 PU 管中流出清水并且不含气泡为止。

（2）开启控制柜及阀门

① 启动联锁投运，开启控制柜报警开关。

② 启动按钮开关 27，开关绿灯亮起，启动 2♯泵。

③ 2♯泵的进口压力报警控制器调节：此操作模拟 2♯泵不正常工作状态，例如 2♯泵

有异常声音产生、进口压力低于下限，建议由老师操作。

首先，按压并逆时针旋转红色按钮，一旦指针碰到当前进口压力指针时，触发联锁；接着，联锁启动，2♯泵自动跳闸停止运转，1♯泵自动启动，操作台发出报警声音，保证流体输送系统继续运行；联锁投运成功后，开启控制柜上的消音按钮，消除报警声音；最后，按压并顺时针旋转红色按钮，将指针调回到 0.15MPa，设备复原。

（3）注意事项

① 联锁投运时，须开启阀门 VA03、VA06、VA09，关闭阀门 VA04。

② 当联锁处在"投运"状态，1♯泵的启动按钮无法按下，必须把联锁调到"切除"才能用按钮操作 1♯泵。

③ 当单个泵体遭遇启动障碍时，应核查其相关联锁机制是否已处于正常运行的状态。

1.4.6 真空输送实训

在离心泵处于停车的时段内，实施真空输送操作。

① 开启阀门 VA03、VA06、VA09、VA14。

② 关闭阀门 VA12、VA13、VA16、VA17、VA18、VA19、VA20、VA21、VA22、VA23、VA25、VA24、VA26，并在阀门 VA31 处加盲板。

③ 在完成阀门 VA32 与 VA33 的适度开启后，方可启动真空泵系统，为系统创造真空环境，使物料能在负压下输送。随后，调节阀门 VA32 及 VA33 的开度，调控吸收塔内部的真空度，并确保其维持在一个稳定且适宜的状态。

④ 单击实训软件界面中的"高位槽流量控制"，在手动操作模式下调节阀门 VA14，控制流量，使流体在吸收塔内能够均匀淋下。

⑤ 当吸收塔内液位达到 1/3～2/3 范围时，执行开启阀门 VA23 与 VA25 的操作。随后，在软件界面上选定"合成器液位控制"功能，并切换至手动操作模式，通过精准调节来关闭阀门 VA14，以此实现对吸收塔内液位的有效稳定控制。

1.4.7 配比输送实训

采用水与压缩空气作为模拟配比的介质，旨在复现真实流体介质的配比过程。在此过程中，将压缩空气的流量设定为主要的流量基准，而水则扮演配比的辅助流量角色，协同模拟实际的流体配比操作。

① 检查阀门 VA31 处的盲板已抽除，确认阀门 VA31 在关闭状态后，开启阀门 VA32 及 VA03，同时关闭溢流阀 VA12。随后，关闭一系列阀门，包括 VA04、VA28、VA31、VA06、VA09、VA11、VA13、VA16、VA20、VA18、VA21、VA19、VA22、VA17、VA33。在此基础上，适度开启放空阀 VA32。接下来，选择性地开启阀门 VA14、VA23、VA25 中的任意一组，或者根据需要开启旁路手动阀 VA26 并调整至适宜的开度。这一系列操作完成后，允许液体从高位槽自然流经吸收塔，并最终流入原料水槽中。

② 启动 1♯泵，具体步骤如下：

a. 先灌泵；启动控制柜面板中按钮开关 24，开关绿灯亮起，启动 1♯泵。

b. 在软件操作界面上，选择并点击"高位槽流量调控"功能，随后切换至手动操作模式，通过调整电动调节阀 VA15 的开度，维持流体流量（FIC102）大约为 $4m^3/h$，确保流体在吸收塔内实现均匀且稳定的喷淋效果。

c. 待吸收塔内部液位达到预设的 1/3～2/3 区间时，开启阀门 VA23 与 VA25。随后，在软件界面中选定"合成器液位控制"功能，并再次切换至手动操作模式，此时需逐步关闭阀门 VA15，以控制并维持吸收塔内的液位处于稳定状态。

③ 启动空气压缩机，随后缓缓开启阀门 VA28，同时密切监测缓冲罐内压力的变化速率，确保该压力值被有效控制在不超过 0.1MPa 的安全范围内。

④ 当缓冲罐内的压力攀升至 0.05MPa 或以上的水平时，缓缓旋开阀门 VA31，以此向吸收塔内引入空气。同时，通过调整 FI103 的流量，将其维持在 8～10 m³/h，以确保空气供应的稳定与适宜。

⑤ 依据具体的配比需求，调整阀门 VA32 的开合程度，并持续观察流量变化，以精确控制流体的流量。若需启用自动控制模式，则需在 C3000 仪表上预先设定好所需的配比值（例如 1∶2、1∶1、1∶3 等比例），随后启动自动控制模式。在自动运行期间，可点击软件界面上的"数据采集"按钮，以实时记录相关实训数据。

1.4.8　光滑管阻力测定实训

① 在上述 1♯泵单泵操作的基础上，开启 1♯泵。

② 操作阀门，具体步骤如下：

a. 关闭阀门 VA04、VA06、VA09 以及放空阀 VA11；

b. 开启阀门 VA03、VA12、VA20、VA21、VA22、VA23、VA25 和旁路手动阀 VA26；

c. 全开阀门 VA14，同时需要注意，因为关闭了放空阀 VA11，高位槽内具有一定压力，高位槽液位高度无须关注，此时高位槽起到缓冲罐的作用。

③ 关闭阀门 VA04、VA09、VA06、VA13、VA16、VA17、VA18、VA19、电动调节阀 VA15、VA33、VA31，适度打开阀门 VA32。

④ 调节阀门 VA10 使液体流量分别为 1m³/h、1.5m³/h、2m³/h、2.5m³/h、3m³/h。当软件界面中"电磁流量计"的读数与 VA10 调节的流量接近时，待系统稳定 30s 后，单击软件界面中"采集数据"，记录相关实训数据。注意，若流量无法上升至 VA10 调节的值，可能是因为旁路的电动调节阀 VA15 处在开启状态，应关闭，可通过软件界面中"高位槽流量控制"将阀门开度设置为 0%。

1.4.9　局部阻力测定实训

① 在上述 1♯泵单泵操作的基础上，开启 1♯泵。

② 操作阀门，具体步骤如下：

a. 关闭阀门 VA04、VA06、VA09，以及放空阀 VA11；

b. 开启阀门 VA03、VA12、VA16、VA18、VA19、VA23、VA25 和旁路手动阀 VA26；

c. 全开阀门 VA14，同时需要注意，因为关闭了放空阀 VA11，高位槽内具有一定压力，高位槽液位高度无须关注，此时高位槽起到缓冲罐的作用。

③ 关闭阀门 VA04、VA09、VA06、VA13、VA20、VA21、VA22、电动调节阀

VA15、VA33、VA31，适度打开阀门 VA32。

④ 调节阀 VA10 使液体流量分别为 $1m^3/h$、$1.5m^3/h$、$2m^3/h$、$2.5m^3/h$、$3m^3/h$。当软件界面中"电磁流量计"的读数与 VA10 调节的流量接近时，待系统稳定 30s 后，单击软件界面中"采集数据"，记录相关实训数据。注意，若流量无法上升至 VA10 调节的值，可能是因为旁路的电动调节阀 VA15 处在开启状态，应关闭，可通过软件界面中"高位槽流量控制"将阀门开度设置为 0%。

1.4.10 盲板操作管理

盲板操作适用于真空输送实训和配比输送实训，学生一般不要自行操作。

在实际化工生产中，因为生产、检修等需要在一段时间内彻底隔绝部分设备与管道的连接，防止阀门渗漏或误操作，避免发生中毒、爆炸等事故，化工企业经常进行盲板操作。

盲板也叫法兰盖或盲法兰，是中间无孔的法兰（类似堵住管道口的盖子），用于隔离管道，其密封可拆卸，与封头、管帽功能相似但有区别。

加强盲板操作管理，对保证化工生产安全、稳定、长周期的运转，杜绝设备损坏、人身伤害等事故的发生，有着非常重要的现实意义。盲板操作管理具体如下：

① 针对设备管口及管道连接处需实施隔离的区域，发起盲板装配请求。

② 盲板装配请求获得批准后，根据管道直径、作业中涉及的流体性质、操作温度及压力等参数，选定恰当的材质，遵循 HB 规范定制盲板，并附带专属标识。

③ 在盲板安装的过程中，同步悬挂标识与编号，确保安装人员与监督人员均在申请表上签署姓名。

④ 盲板使用期间，实施对盲板状态的定期审查与评估。

⑤ 盲板拆卸作业时，拆卸执行者、监督者及复核人员需分别在申请表上签字，详细记录拆卸过程及状态。

⑥ 设立盲板使用台账，实施定期的记录与更新管理。

1.4.11 正常停车操作

实训结束后，需要进行正常停车操作，步骤如下：

(1) 1♯泵停车

① 在完成既定的实训步骤并与相关实训岗位协调后，先关闭 1♯泵进口处的真空监测阀以及 1♯泵出口的压力显示阀，随后关闭阀门 VA03、VA04、VA10，以确保 1♯泵处于低负荷状态，从而有效预防液体逆流现象的发生。

② 通过操作控制柜面板，按下 1♯泵对应的停止按钮开关 25，此时电源指示灯转变为红色，标志着 1♯泵已成功停止运行。

③ 为预防设备生锈及在寒冷季节可能出现的结冰问题，需彻底排空 1♯泵及其相连管道内的液体。

(2) 2♯泵停车

① 在完成既定的实训步骤并与相关实训岗位协调后，先关闭 2♯泵进口处的真空监测阀以及 1♯泵出口处的压力显示阀，随后关闭阀门 VA03、VA04、VA09、VA10，以确保 2♯泵处于低负荷状态，从而有效预防液体逆流现象的发生。

② 通过操作控制柜面板，按下 2♯ 泵对应的停止电源开关 28，此时电源指示灯转变为红色，标志着 2♯ 泵已成功停止运行。

③ 为预防设备生锈及在寒冷季节可能出现的结冰问题，需彻底排空 2♯ 泵及其相连管道内的液体。

（3）真空泵 P103 停车

在完成规定的实训操作，并与相关实训岗位进行必要沟通之后，先关闭阀门 VA33，接下来，在控制柜的面板上，将旋钮开关 29 旋转至关闭位置，从而实现真空泵 P103 的停车操作。随后，以缓慢且控制的方式开启阀门 VA32，逐步降低整个系统的真空度，直至其达到 0。最后，再次缓慢地开启阀门 VA33，允许大气逐渐进入真空泵 P103 内部。

（4）液体排空

① 依次开启阀门 VA11、VA13、VA14、VA16、VA20、VA32、VA23、VA25、VA26 以及 VA24，将位于高位槽 V102 和吸收塔 T101 内的液体有效引导并排至原料水槽 V101。

② 若长时间未安排实训活动，建议将原料水槽 V101 内的液体彻底排空，以避免潜在的沉积、变质或影响后续实训准备工作的顺利进行。

（5）软件和电源关闭

① 关软件：在完成数据采集任务后，首先需将所收集的数据准确无误地记录至预设的表格之中。待数据记录工作全面完成，在流体输送实训软件的界面上，找到并点击"退出实验"功能按钮，以此正式退出流体输送实训软件的操作环境，并关闭计算机设备。

② 关仪表：通过控制柜的面板，找到并关闭空气开关 10，使所有相关仪表进入断电状态。

③ 关电源：在控制柜的面板上，找到并关闭空气开关 33，切断整个设备的电力输入。

（6）现场整理

① 检查停车后各设备、阀门、仪表状况。

② 将实训现场使用过的工具等放回到规定位置，进行现场的清理工作，确认所有设备和管路保持洁净状态。对实训设备进行清洁和维护处理，同时清扫实训装置的一层、二层场地以及控制台的卫生。

1.4.12　紧急停车操作

面对以下任一情形，应立即采取紧急停车措施进行处理：

① 泵体内传出不寻常的噪声；

② 泵突然出现剧烈的振动；

③ 电机电流超出额定值且长时间不回落；

④ 泵突然丧失出水功能；

⑤ 空压机发出异常的声响；

⑥ 真空泵发出异常的声响。

紧急停车操作的具体步骤参见 1.4.11 正常停车操作。

1.4.13　安全注意事项

（1）动设备操作注意事项

① 在启动电机之前，先用手轻轻转动电机的轴以确保无阻碍。通电之后，立刻检查电

机是否已经开始转动；如果电机没有转动，应立即切断电源，否则电机有很高的风险被烧毁。

② 确认工艺管线和工艺条件都处于正常状态。

③ 启动电机后，检查其工艺参数是否处于正常范围，仔细观察是否有过大的噪声、振动以及松动的螺栓。

④ 在电机运转时，切勿接触任何转动部件。

（2）静设备操作注意事项

① 在进行操作和取样时，要小心防范静电的产生。

② 当吸收塔需要清理或检修时，必须按照安全作业的规定来进行。

③ 向容器中装料时，必须严格遵守规定的装料系数。

（3）用电安全注意事项

① 在实训开始之前，必须熟悉室内总电源开关与各个分电源开关的具体位置，以便在发生用电事故时能够迅速切断电源。

② 在启动仪表柜的电源之前，必须明确了解每个开关的具体功能和作用。

③ 在实训过程中，如果发现停电的情况，必须立即切断电闸，以防止后期突然恢复供电导致电器设备在无人看管的情况下运行。

④ 严禁擅自打开仪表控制柜的后盖以及强电桥架盖，一旦电气设备发生故障，应请专业人员进行维修处理。

⑤ 设备配有压力、温度等测量仪表，一旦出现异常及时对相关设备停车进行集中监视并做适当处理。

（4）行为习惯注意事项

① 进入化工单元实训基地后必须穿戴合适的防护手套，无关人员不得进入。

② 实训过程中必须遵守指导教师的指令。

③ 组员需团队协作，根据现场情况及时向其他组员报告情况。

④ 严禁吸烟行为。

⑤ 使用楼梯时，应用手扶住栏杆以确保安全。

⑥ 不能使用有缺陷的梯子，登梯前必须确保梯子支撑稳固，面向梯子上下并双手扶梯。

⑦ 禁止从高处随意丢弃杂物。

⑧ 不得倚靠在实训装置上。

⑨ 在实训过程中，实训基地内禁止打闹和嬉戏。

⑩ 使用后的清洁用具应按规定放置整齐，保持实训环境的整洁。

1.5 ▶ 流体输送障碍排除实训

在流体输送操作中，可以通过不定时改变某些阀门、管道或离心泵的工作状态（例如离心泵进口管漏水）来扰动流体输送系统正常的工作状态，这样可模拟出实际流体输送过程中的常见故障，学生可根据现场各参数的变化情况、设备运行异常现象，分析故障原因，找出故障并动手排除故障，使系统恢复到正常操作状态，以提高学生对工艺流程的认识度和实际动手能力。学生在完成障碍排除后，提交书面报告，详细记录障碍现象、原因分析、解决方案和操作过程，教师根据学生的操作表现和报告内容进行障碍排除考核。

（1）泵启动时不出水

泵启动时不出水的原因可能多种多样，主要包括以下几个方面。

① 入口法兰漏气：真空泵填料密封不严，泵内或进水管中残留的空气会影响水的正常吸入和排出，导致泵无法出水。

② 启动前泵内未充满水：底阀未能完全关闭或灌引水不足，使得泵内无法形成足够的真空度，从而无法出水。

③ 叶轮密封环间隙太大：会导致液体无法被有效吸入并送往出口，减少了泵的排量和压力增益，还会导致泵的密封性能下降，增加泄漏的风险。

④ 电机接反电源：会导致电机无法正常启动，还会导致电机反转，进而带动离心泵叶轮反转。

在流体输送操作中，教师可主动操控，隐蔽地不完全关闭底阀，改变离心泵的工作状态，学生通过观察离心泵工作参数的变化情况，分析引起系统异常的原因并作处理，使系统恢复到正常操作状态。

（2）压力表读数过低

压力表读数过低可能直接影响到流体输送系统的稳定性和安全性。压力表读数过低常见的原因如下。

① 泵内有空气或漏气严重：当离心泵未灌满水或漏气严重时，泵内存在大量空气，这些空气在泵启动时无法像液体那样被有效甩出。空气的密度远低于水，产生的离心力不足以使泵内形成足够的真空来持续不断吸入液体，因此无法持续不断地排出液体，从而导致泵内压力降低。此外，漏气严重时也会发生类似现象，导致泵内压力降低。

② 轴封严重磨损：轴封磨损后，泵的密封性能下降，可能导致泵内压力降低，从而影响泵的流量和扬程。

③ 系统需水量大：当系统需水量远大于离心泵能提供的流量时，流量不足，离心泵在运行时可能无法达到设计扬程，导致泵内压力降低。

在流体输送操作中，教师可主动操控，隐蔽地使离心泵少量漏气，使泵内存在空气，改变离心泵的工作状态，这时虽然会出水，但是压力表读数往往很低，学生通过观察离心泵工作参数的变化情况，分析引起系统异常的原因并作处理，使系统恢复到正常操作状态。

（3）泵运行中发生振动或出现异常声音

泵振动的原因多种多样，主要包括以下几个方面。

① 地脚螺丝松动：由于离心泵装配不当、地脚螺丝损坏或磨损等原因造成的地脚螺丝松动是泵振动的主要原因之一。

② 原料水槽供水不足：由于供水不足，离心泵内流体流动不畅，离心泵在运行过程中可能会出现振动加剧、噪声增大的现象。

③ 泵壳内气体未排净：离心泵内或进水管中残留的空气在泵内流动时会产生不稳定的气泡和涡流，这些不稳定因素会导致泵体振动加剧，同时产生异常的噪声。

④ 轴承盖紧力不够：会使轴瓦跳动，进而导致泵体振动加剧。

⑤ 安装高度问题：如果离心泵的安装高度过高，可能会导致泵内产生汽蚀，进而引起振动或出现异常声音。

在流体输送操作中，教师可主动操控，隐蔽地使原料水槽供水不足或提高安装高度，改变离心泵的工作状态，学生通过观察离心泵工作参数的变化情况，分析引起系统异常的原因并作处理，使系统恢复到正常操作状态。

（4）离心泵进口加水加不满

离心泵进口加水加不满的常见原因如下。

① 空气未排尽：离心泵在启动前需要灌满水以排出泵内及管道中的空气。如果空气未排尽，会导致泵体内部形成气阻，影响水的正常吸入。

② 底阀问题：底阀是离心泵进口处的重要部件，用于防止水倒流并保持泵内充满水。如果底阀损坏或密封不严，会导致泵内无法保持足够的水量。

③ 泵体或管道漏水：泵体内部或进口管道中漏水，导致水无法完全充满泵体。

在流体输送操作中，教师可主动操控，隐蔽地使离心泵进口管漏水，改变离心泵的工作状态，学生通过观察离心泵工作参数的变化情况，分析引起系统异常的原因并作处理，使系统恢复到正常操作状态。

（5）真空输送不成功

真空输送不成功常见的原因如下。

① 真空泵故障：油量不足或油质污染会影响真空泵的性能，导致真空度不足。真空泵漏气也会导致真空度下降，影响输送效果。真空泵电机能启动但泵体不工作，原因可能是旋片卡阻或电机故障。

② 输送管道系统问题：管道或过滤装置堵塞会导致物料无法顺畅流动，影响输送效果。

在流体输送操作中，教师可主动操控，隐蔽地改变真空输送的工作状态（例如真空放空），学生通过观察吸收塔内压力（真空度）、液位等参数的变化情况，分析引起系统异常的原因并作处理，使系统恢复到正常操作状态。

（6）吸收塔压力异常

吸收塔压力异常现象的常见原因如下。

① 设备因素：吸收塔及其相关设备（如空压机、泵等）的故障可能导致压力异常。例如，空压机跳闸可能引起吸收塔压力下降，设备密封性不佳也可能导致气体泄漏，进而影响塔内压力。

② 操作因素：液位的变化会直接影响吸收塔内的气液相界面，进而影响压力稳定性。当液位下降时，气相占比增加，可能导致压力上升；反之，液位上升时则可能降低压力。进料流量的变化会直接影响吸收塔内的气相浓度和分布。进料流量过大会使气相增多，导致压力上升；反之，则可能导致气相减少，压力下降。

③ 工艺因素：被吸收物料的挥发性、溶解度等物理化学性质也会影响吸收塔的压力。挥发性强的物料在吸收过程中可能产生更多的气相，导致压力上升。

在流体输送操作中，教师可主动操控，隐蔽地改变空压机的工作状态（例如使空压机断电），学生通过观察吸收塔液位、压力等参数的变化情况，分析引起系统异常的原因并作处理，使系统恢复到正常操作状态。

1.6 ▶ 实训数据记录

实训数据记录表见表 1-7。

表 1-7 流体输送操作实训数据记录表

序号	时间	高位槽液位/mm	泵出口流量/(L/h)	1#泵进口压力/kPa	1#泵出口压力/MPa	2#泵进口压力/kPa	2#泵出口压力/MPa	缓冲罐压力/MPa	压缩空气流量/(m³/h)	吸收塔压力/MPa	进吸收塔流量/(L/h)	吸收塔液位/mm	光滑管阻力/kPa	局部管阻力/kPa	泵功率/kW	泵转速/(r/min)
1																
2																
3																
4																
5																
6																
7																
8																
9																
10																

注：记录泵功率和转速时，需留意其数值是否符合离心泵特性曲线，若两者关系异常，应检查测量设备或测量方法是否正确。

（1）操作记录

（2）异常情况记录及处理

（3）障碍排除型操作

🖊 思考题

（1）流体的输送形式有哪些？

（2）什么是离心泵的汽蚀和气缚现象？怎样才能有效消除这两种现象？

（3）流体输送实训装置中使用的流量计有哪几种类型？简述其工作原理。

（4）离心泵的工作原理是什么？它的主要构造包括哪些部件？各部件的功能是什么？

（5）在进行流体输送实训时，什么情况下需采用串联操作？什么情况下需采用并联操作？什么情况下需采用真空操作？

（6）离心泵启动时，其出口阀应该处于什么状态？停止运行时，其出口阀又应该处于什么状态？为什么需要这样操作？

（7）当离心泵的出口压力过高时，应该如何进行调节？过低时，又应该如何进行调节？

（8）简述真空输送液体的原理。

（9）为何在离心泵启动时关闭出口阀？正常运行状态下，长时间保持出口阀关闭是否可行？

（10）高位槽可以输送液体，其原理是什么？

（11）真空输送实训操作应注意哪些事项？

（12）该装置测定流动阻力、离心泵特性曲线和流量计校正与化工原理实验装置有何区别？

第2章
流体输送管路拆装及障碍排除实训

 导读

　　工业生产离不开流体输送管路的拆装。以2024年深圳妈湾天然气管道工程为例，该项目需要穿越复杂的地质环境，包括陆地、海域以及山体等，对施工技术提出了极高的要求，因此采用了先进的非开挖定向钻穿越技术。首先，施工人员使用专业的导向钻机在管道起点和终点之间钻出一条导向孔；随后，使用扩孔器逐步扩大孔道直径，将预先组装好的管道通过回拖设备缓慢拉入孔道中，完成管道的铺设；最后，进行严密的管道连接工作，并进行压力测试和泄漏检测，确保各段管道之间的密封性和稳定性。这一项目一举创造了三项世界纪录：目前世界上穿越长度最长的陆海定向钻穿越工程、穿越长度最长的管径600mm以上定向钻穿越工程、穿越长度最长的天然气管道定向钻穿越工程。

2.1 ▶ 实训背景

　　流体输送管路障碍排除也是化工实训教学需要重点关注的内容。以2016年美国北达科他州Tesoro公司运营的一条原油管道破裂为例，该事故导致约$600m^3$的原油泄漏，对农田土壤和地下水造成了严重污染。Tesoro公司因违反《清洁水法》被罚款1800万美元，该公司还花费了数百万美元用于清理污染和赔偿农民损失。这一事故凸显了流体输送管路障碍排除和风险防范的重要性。

　　流体输送管路拆装实训聚焦于模拟真实工业环境中水传输系统的构建与维护，涉及化工管路、法兰、阀门乃至泵的拆卸和安装。实训过程中考查学生对该化工流程和管道系统的识图、搭建、开车、试运行和检修等过程，可以将"化工制图""化工机械基础""化工单元操作"及"电工基础"等理论课程进行实践和升华，将理论知识转变成化工企业实际的操作技能，并能在动手实践中深化对化工管道材料特性、尺寸标准及其在化工生产链中不可或缺作用的理解，培养学生的工程思维与跨学科知识整合能力，提高解决实际问题的能力。

2.2 ▶ 实训目的

　　① 学生能够熟练解读化工管路装置图，并准确运用各类工具执行管线的组装作业、仪表的精确对接以及管道系统的压力测试等关键步骤。

② 学生能掌握法兰连接、螺纹紧固方式以及各类管道配件的识别与分类，确保在实际操作中能够灵活应用。

③ 通过专项训练，学生能够熟练掌握常用工具如扳手、螺纹工具、管钳等的正确操作技巧，提升其实践动手能力与技能水平。

④ 在管路拆装实训中，学生操作时能遵循既定的安全操作规程。

⑤ 学生具备排除流体输送管路中常见故障的能力，包括但不限于疏通堵塞管道、调整流量异常、应对离心泵停机故障及修复管路泄漏等，以提升其应急处理与故障排查能力。

⑥ 通过小组合作模式，学生共同协作完成管路的拆装任务、离心泵的启动、试车和流量调节及安全停车等操作流程，此过程旨在培养学生的团队合作精神、沟通协调能力及项目执行能力。

2.3 ▸ 流体输送管路拆装实训装置简介

2.3.1 装置结构

本实训所用的流体输送管路拆装实训装置现场图如图 2-1 所示，管路拆装机械简图如图 2-2 所示。

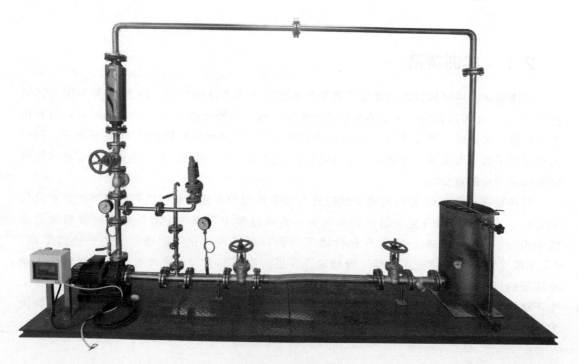

图 2-1　装置现场图

该装置主要由水箱、循环水泵、水泵进口管路、水泵出口管路等设备组成，其装置设备如表 2-1 所示。

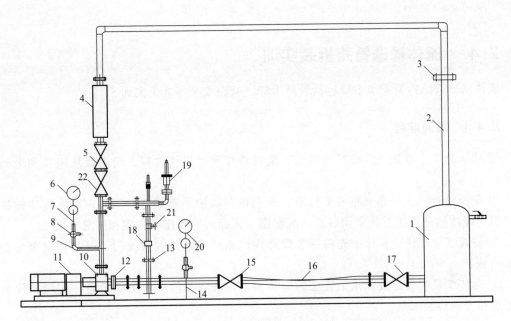

图 2-2 管路拆装机械简图

1—水箱；2—不锈钢抛光管（$\phi45mm \times 3mm$）；3—不锈钢法兰（$DN40$）；4—玻璃转子流量计；5—出口流量阀
（$DN40$ 两端法兰）；6—压力表（$0 \sim 0.4MPa$）；7—不锈钢缓冲管；8—铜球阀（$DN15$）；9—不锈钢抛光
焊接弯头（$DN15$）；10—不锈钢法兰（$DN32$）；11—离心泵；12—不锈钢法兰（$DN50$）；13—不锈钢
法兰（$DN25$）；14—支架；15—不锈钢闸阀（$DN50$ 两端法兰）；16—不锈钢软管（$DN50$ 两端法兰）；
17—不锈钢过滤阀（$DN50$ 两端法兰）；18—不锈钢活接头（$DN25$ 两头内丝）；19—弹簧安全阀
（$DN25$ 两头内丝）；20—真空表；21—铜阀门；22—不锈钢单向阀（$DN40$ 两端法兰）

表 2-1 流体输送管路拆装实训装置设备

项目	内容
设备主体	长×宽×高：3800mm×800mm×2200mm； 整机采用 304 不锈钢制作，钢制花纹板喷塑底座； 开关盒集成于设备主体之上
主要设备	水箱、循环水泵、水泵进口管路、水泵出口管路、回流管路、安全泄压管路、灌泵管路、耐压测试管路、电源设备
仪表检测系统	压力表、玻璃转子流量计、双金属温度计
拆装工具及试压检漏设备	管子钳、活动扳手、呆扳手、两用扳手、木榔头、穿心一字螺丝刀、一字螺丝刀、十字螺丝刀、水平尺、直角尺、卷尺、普通游标卡尺、螺栓螺母、生料带、垫片、平板手推车、试压泵、货架等
安全工具	防护手套、实验服、安全帽、护目镜、雨靴等

2.3.2 装置流程

离心泵 11 用三相电动机带动，通过吸入管将水从水箱 1 中吸入，然后由压出管排至水箱 1。在吸入管内进口处装有滤水器，以免污物进入离心泵 11，不锈钢过滤阀 17 上带有单向阀，以便在启动前使泵内灌满水。在离心泵 11 的吸入口和压出口处，分别装有真空表 20 和压力表 6，以测量水的进出口处的压力，泵的出口管线装有玻璃转子流量计 4，用来计量水的流量，并装有阀门 5，用来调节水的流量或管内压力。

2.4 ▶ 流体输送管路拆装实训

流体输送管路拆装实训主要包括管路拆卸、管路安装等 2 个实训。

2.4.1 实训准备

① 团队分工：推选一位成员为组长，组长指挥整个操作过程，组员服从组长和老师的指挥。

② 防护检查：全员必须穿戴实验服、安全帽和防护手套等防护用具，熟悉流体输送基础知识、流体输送管路拆装实训装置的流程图、实训内容及操作步骤和注意事项。

③ 装置状态确认：操作前先将拆装管路内的水放尽，并检查阀门、设备和仪表是否处于关闭状态。

④ 拆装工具准备：按照化工管道的拆装要求，准备和清点相关的设备、阀门和仪表等并配备相应的拆装工具。

2.4.2 管路拆卸实训

① 拆卸前，可以对装置进行试漏检验，在启动离心泵前务必由指导教师进行开车前检查，经老师同意后，方可准许送电运行。试漏检验步骤如下：

a. 往水箱灌水至 50cm 附近。

b. 打开阀门 17、15。

c. 对管路进行排气操作，观察排空阀打开后的水流情况，完成排气操作后关闭排空阀。

d. 关闭出口流量阀 5。

e. 开启离心泵 11。

f. 逐步开启出口流量阀 5。

g. 观察装置是否漏液。

h. 若正常，关闭出口流量阀 5，再关闭离心泵 11。

② 拆卸时，首先要将动力电源关闭，并挂出警示牌，检查无误后才准许工作。

③ 关闭阀门 17，打开排空阀，将管路内的积液排空；

④ 参照一定顺序将管路器件拆下，其中须注意以下几点：

a. 一般采用由上往下、自简单点开始等方式进行拆卸。

b. 要轻拿轻放，防止玻璃转子流量计等部件破碎。

c. 拆卸每一个零部件都要按顺序进行编号，并按照顺序依次摆在地面上。

d. 小组同学间在拆装时要相互配合，防止管道或管件掉落而砸伤手脚或地面。

e. 注意个人与设备的安全防护，依托团队协作高效达成任务目标。

f. 在拆卸过程中，需确保仪表、阀门等关键组件完好无损。

g. 拆卸作业中，应妥善安置拆卸下的部件，特别是法兰表面需轻拿轻放，严禁碰撞与敲击，以防损伤。

⑤ 拆卸完成后，对管路实施有序编号并整齐排列，以便于后续的分类与使用。

⑥ 确保所有工具均被妥善归位，放置于指定位置，以维持工作环境的整洁与安全。

2.4.3　管路安装实训

① 安装前要熟悉管路工艺流程图。

② 所有密封部位的密封材料一般在拆装后需要更换，将原来的密封垫拆下来，按原样用剪刀进行制作并更换，密封垫位置要合适，不能偏移。

③ 安装要按照一定的顺序进行，防止漏装或错装，须特别注意：

a. 所有螺栓都应该按照螺母在上方的顺序紧固，紧固螺栓时必须对角分别用力紧固，然后依次紧固。

b. 装配过程中应使用水平尺进行度量，要注意保证管道的横平竖直，严禁发生倾斜。

c. 管路支架固定可靠，不能松动。

d. 防止法兰面倾斜发生泄漏，另外螺栓紧固用臂力即可，不需要套管紧固。

e. 注意阀门、流量计的液体流向方向和具体位置。

f. 注意活接头、法兰的密封。

g. 注意压力表的量程选择。

④ 安装后对系统进行开车前自查，组长带领组员一一清查，须注意：

a. 对照管路拆装机械简图（图 2-2）进行检查，确认安装无误。

b. 在启动设备之前，预先向水箱内注入适量的水，再开车检验。

c. 检查系统是否运行正常，并留意是否有液体泄漏的情况发生。

d. 检查仪表是否正常工作。

⑤ 在启动离心泵 11 前，组长务必向指导教师报告，指导教师进行开车前核查，具体步骤如下：

a. 往水箱 1 灌水至 50cm 附近。

b. 打开阀门 17、15。

c. 对管路进行排气操作，观察排空阀打开后的水流情况，完成排气操作后关闭排空阀。

d. 关闭出口流量阀 5。

e. 开启离心泵 11。

f. 逐步开启出口流量阀 5。

g. 观察装置是否漏液。

h. 若正常，关闭出口流量阀 5，再关闭离心泵 11。

⑥ 检查漏水情况，若运行后局部有泄漏，不需要断电，可用工具进行紧固，尝试消漏。但请注意防止水溅洒到人身上或四周；若无法进行消漏处理，则需要停泵、断电，重新检查和安装。

⑦ 成功完成检查和安装后停车，切断电源。

⑧ 将水箱中剩余液体、管路积液排空。

⑨ 将工具放回工具架上。

2.4.4　停车操作

实训结束后，进行停车操作。

① 检查停车后各设备、阀门、仪表状况。

② 把现场使用过的工具等放到指定位置，进行现场清理，保持各设备、管路的洁净，对实训设备进行清洁处理。

2.4.5 安全注意事项

（1）实训操作注意事项

① 化工管路拆装中一般拆卸与安装顺序正好相反，拆卸一般是从高处往下逐步进行的，注意拆卸的每一个零部件都要按顺序进行编号，并按照顺序依次摆在地面上。

② 小组成员间在拆装时要相互配合，防止管道或管件掉落而砸伤手脚或地面。

③ 仪表拆装时要轻拿轻放，防止破损。

④ 拆装完成后进行管路的试漏检验，在启动水泵前务必由指导教师进行开车前检查，经老师同意后，方可准许送电运行。

⑤ 在消漏处理中，请注意若运行后局部有轻微泄漏，可用工具进行紧固，但请注意防止水溅洒到人身上或四周；若还是不能解决问题或出现严重泄漏，则需要停泵、断电，重新检查和安装。

⑥ 拆装过程中要树立团结协作、严肃认真、安全第一的指导思想，服从实训指导。

（2）水电安全注意事项

① 维护实训环境的整洁性，确保及时清除场地上的积水，保持干燥状态。

② 执行消漏处理时，需谨慎操作以防水四处飞溅，确保不会溅到人员或周围环境中。

其余水电安全注意事项参见第1章的"用电安全注意事项"，同时，行为习惯注意事项也参见第1章的"行为习惯注意事项"。

2.5 ▶ 流体输送管路障碍排除实训

在正常流体输送管路拆装操作中，可以通过不定时改变某些阀门、管道或泵的工作状态来扰动过滤系统正常的工作状态，这样可模拟出实际流体输送管路拆装过程中的常见故障，学生可根据现场各参数的变化情况、设备运行异常现象，分析故障原因，找出故障并动手排除故障，使系统恢复到正常操作状态，以提高学生对工艺流程的认识度和实际动手能力。学生在完成障碍排除后，提交书面报告，详细记录障碍现象、原因分析、解决方案和操作过程，教师根据学生的操作表现和报告内容进行障碍排除考核。

（1）管路漏点排查与修复

在正常流体输送管路拆装操作中，教师可隐蔽地在流体输送管路系统中人为制造一处不易察觉的微小漏点，如更换一个有轻微裂痕的法兰垫片或松动法兰螺栓，学生通过观察系统工作参数的变化情况，分析引起系统异常的原因并作处理，使系统恢复到正常操作状态。本实训可以训练学生快速定位漏点并采取有效修复措施的能力，增强安全意识与应急处理能力。

（2）管路堵塞疏通

在正常流体输送管路拆装操作中，教师可隐蔽地人为制造一处堵塞点，如放置一块适当大小的异物或模拟沉淀物积累。确保管路中的水能够顺畅流动，但在堵塞点处受阻，学生通过观察系统工作参数的变化情况，分析引起系统异常的原因并作处理，使系统恢复到正常操作状态。本实训可以训练学生进行快速疏通并制定有效预防措施的能力，提升对管路系统维护与优化的认识。

2.6 ▶ 实训数据记录

（1）拆卸耗时
开始时间_____时_____分，完成时间_____时_____分，共计_____分钟。
（2）安装耗时
开始时间_____时_____分，完成时间_____时_____分，共计_____分钟。
（3）装置操作
① 拆卸前是否排空管路的积水：_____。
② 水箱中水的位置是否在 1/3 ～ 2/3 处：_____。
③ 启动水泵之前是否自主要求指导教师进行开车前检查：_____。
④ 开车后管路是否漏水：_____。
⑤ 若出现漏水，请注明
漏水部位：_____。
能否消除漏水：_____。
（4）操作细节
① 每对法兰连接的螺栓安装方向是否一致：_____。
② 每个螺栓是否加垫片：_____。
③ 法兰垫片是否更换：_____。
④ 拆卸后零件（如管件、阀门、垫片、工具等）是否有序摆放：_____。
⑤ 操作过程中是否戴上手套、安全帽：_____。
⑥ 操作过程中是否发生工具砸落的情况：_____。
⑦ 操作过程中是否发生螺栓掉落的情况：_____。
⑧ 安装后组长是否带队逐一检查各部件：_____。
⑨ 结束后是否清理现场（清理积水、杂物）：_____。
⑩ 团队是否密切配合成功完成实训：_____。
（5）障碍排除型操作

思考题

（1）工业中常用的流体输送设备有哪些？
（2）工业中常用的气体输送设备有哪些？
（3）化工常见用管有哪些材质？它们的适用范围如何？
（4）化工管路可以采用哪些方式进行防腐处理？
（5）简述化工装卸常用的工具类型。

（6）简述阀门的种类和用途。

（7）简述转子流量计的种类。

（8）安全阀在什么情况下起作用？

（9）简述连接管件的方式有哪些。

（10）采用法兰连接管件的注意事项有哪些？

第 3 章
过滤操作及障碍排除实训

 导读

原油中通常含有大量的杂质如颗粒物、水分等，这些杂质如果不被有效去除，将会对后续的炼油设备和工艺造成严重影响，甚至可能导致设备损坏和生产中断。炼油厂常常先将原油通过预过滤器进行初步过滤，去除其中较大的颗粒物；然后将经过预过滤的原油通过精密过滤器进行深度过滤；当过滤器堵塞或过滤效率下降时，反冲洗系统还会自动启动，对过滤器进行清洗和再生。

3.1 ▶ 实训背景

3.1.1 基本概念

过滤是化工生产中常见的单元操作，广泛应用于污水处理、矿物精选、化工原料预处理、产品分离和酒类加工等领域。它通常是在推动力或者其他外力作用下，使含有固体颗粒的悬浮液通过多孔介质的孔道，而悬浮液中的固体颗粒被筛分截留在过滤介质上，从而实现固液分离的操作。驱动液体通过过滤介质的推动力主要有重力、压力、离心力等。

过滤的方式很多，使用的物系也很广泛，除了上述固液物系以外，还有固气物系。过滤介质通常采用多孔纺织品、丝网或其他多孔材料如帆布、毛毡、金属网、多孔陶瓷等。过滤操作的分离效果，除与过滤设备的结构形式相关外，还与过滤物料的特性、操作压力以及过滤介质的性质有关。通过实训来测定过滤过程中的过滤常数，是进行过滤工艺计算和过滤设备设计的基础。

3.1.2 实训原理

在固液物系过滤过程中，由于固体颗粒不断被截留在介质表面上，滤饼厚度逐渐增加，使液体流过固体颗粒之间的孔道加长，流体流动阻力增加，故在恒压过滤操作中，过滤速度不断降低。因此，随着过滤的进行，若想得到相同的滤液量，则过滤时间要增加。过滤速度 u 的定义为单位时间单位过滤面积内通过过滤介质的滤液量。影响过滤速度的主要因素：推动力（压强差）Δp、滤饼厚度 L、滤饼和悬浮液的性质、悬浮液温度和过滤介质的阻力等。故难以用严格的流体力学方法处理过滤速度不断降低的问题。

比较过滤过程与流体经过固定床的流动可知：过滤速度即为流体通过固定床的表现速

度。同时，流体在细小颗粒构成的滤饼空隙中的流动属于低雷诺数范围。因此，可利用流体通过固定床压降的简化模型，寻求滤液量与时间的关系，运用层流时的康采尼公式，推导出过滤速度计算式为：

$$u = \frac{dV}{A d\tau} = \frac{dq}{d\tau} = \frac{A \Delta p^{(1-s)}}{\mu r C (V + V_e)} \tag{3-1}$$

式中，u 为过滤速度，m/s；V 为通过过滤介质的滤液量，m^3；A 为过滤面积，m^2；τ 为过滤时间，s；q 为通过单位面积过滤介质的滤液量，m^3/m^2；s 为滤渣压缩性系数；Δp 为过滤压力（表压），Pa；μ 为滤液的黏度，Pa·s；r 为滤渣比阻，$1/m^2$；C 为单位体积滤液产生的滤渣体积，m^3/m^3；V_e 为过滤介质的当量滤液体积，m^3。

对于一定的悬浮液，在恒温和恒压下过滤时，μ、r、C 和 Δp 是恒定的，因此，令：

$$K = \frac{2 \Delta p^{(1-s)}}{\mu r C} \tag{3-2}$$

于是式(3-1) 可改写为：

$$\frac{dV}{d\tau} = \frac{KA^2}{2(V + V_e)} \tag{3-3}$$

式中，K 为过滤常数，由物料特性及过滤压差所决定，m^2/s。

将式(3-3) 分离变量积分，整理得：

$$\int_{V_e}^{V+V_e} (V + V_e) \, d(V + V_e) = \frac{1}{2} KA^2 \int_0^\tau d\tau \tag{3-4}$$

即

$$V^2 + 2VV_e = KA^2 \tau \tag{3-5}$$

将式(3-4) 的积分极限改为从 $0 \sim V_e$ 和从 $0 \sim \tau_e$，则：

$$V_e^2 = KA^2 \tau_e \tag{3-6}$$

将式(3-5) 和式(3-6) 相加，可得：

$$(V + V_e)^2 = KA^2 (\tau + \tau_e) \tag{3-7}$$

式中，τ_e 为虚拟过滤时间，相当于滤出滤液量 V_e 所需时间，s。

再将式(3-7) 微分，得：

$$2(V + V_e) \, dV = KA^2 \, d\tau \tag{3-8}$$

将式(3-8) 写成差分形式，则：

$$\frac{\Delta \tau}{\Delta q} = \frac{2}{K} \bar{q} + \frac{2}{K} q_e \tag{3-9}$$

式中，Δq 为每次测定的单位过滤面积滤液体积（在实训中一般等量分配），m^3/m^2；$\Delta \tau$ 为每次测定的滤液体积 Δq 所对应的时间，s；$\bar{q}$ 为相邻两个 q 值的平均值，m^3/m^2；q_e 为单位过滤面积过滤介质的当量滤液体积，m^3/m^2。

以 $\Delta \tau / \Delta q$ 为纵坐标，$\bar{q}$ 为横坐标将式(3-9) 标绘成一直线，可得该直线的斜率和截距：

斜率：

$$S = \frac{2}{K} \tag{3-10}$$

截距：

$$I = \frac{2}{K} q_e \tag{3-11}$$

则，

$$K = \frac{2}{S} \, (m^2/s) \tag{3-12}$$

$$q_{e}=\frac{KI}{2}=\frac{I}{S}(\mathrm{m}^{3}) \tag{3-13}$$

$$\tau_{e}=\frac{q_{e}^{2}}{K}=\frac{I^{2}}{KS^{2}}(\mathrm{s}) \tag{3-14}$$

改变过滤压差 Δp，可测得不同的 K 值。由 K 的定义式(3-2) 两边取对数得：

$$\lg K=(1-s)\lg\Delta p+B \tag{3-15}$$

在实训压差范围内，若 B 为常数，则 $\lg K\text{-}\lg\Delta p$ 的关系在直角坐标系上应是一条直线，斜率为 $1-s$，可得滤渣压缩性指数 s。

3.2 ▶ 实训目的

① 熟悉板框过滤机的构造和操作方法。
② 通过恒压过滤实训，验证过滤基本理论。
③ 学会测定过滤常数 K、q_{e}、τ_{e} 及滤渣压缩性系数 s 的方法。
④ 了解过滤压力对过滤速度的影响。

3.3 ▶ 过滤操作实训装置简介

3.3.1　装置结构

本实训主要测定给定物料（$CaCO_3$）悬浮液在中恒压过滤时的过滤常数。采用板框过滤机，其由空气压缩机、滤浆罐、压力罐等组成，其结构示意图如图 3-1 所示，装置现场图如图 3-2 所示。

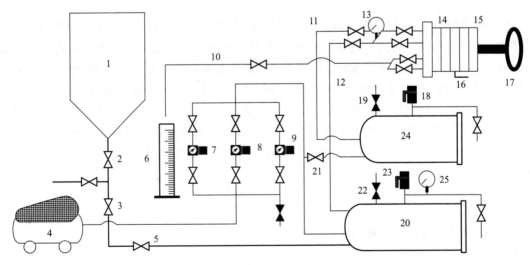

图 3-1　恒压过滤装置结构示意图

1—滤浆罐；2—滤浆罐出口阀；3—止逆阀；4—空气压缩机；5—滤浆罐与压力罐连接阀；6—量筒；7~9—定值调压阀；10—出管路；11—清水管路；12—料液进管路；13,25—压力表；14—滤板；15—滤框；16—通孔切换阀；17—手轮；18,23—安全阀；19—清水罐排气阀；20—压力罐；21—两罐间切换阀；22—压力罐排气阀；24—清水罐

图 3-2 恒压过滤装置现场图

3.3.2 装置参数

板框过滤机：框厚度为 20mm，每个框过滤面积为 $0.01135m^2$，框数为 2。

空气压缩机：风量为 $0.06m^3/min$，最大气压为 0.8MPa。

3.3.3 装置流程

过滤的流程：①滤浆罐中待过滤的 $CaCO_3$ 悬浮液在重力作用下通过滤浆罐出口阀、滤浆罐和压力罐连接阀，进入压力罐。②空气压缩机中的空气，通过定值调压阀进入压力罐中，利用压缩空气的压力将滤浆通过料液进管路送入板框过滤机中过滤（此时通孔切换阀处在与滤板平行的状态），滤液流入量筒计量，压缩空气从压力罐排气阀中排出。

清洗的流程：空气压缩机中的空气，通过定值调压阀的调节，再通过两罐间切换阀进入清水罐，利用压缩空气的压力将清水罐里面清水通过清水管路送入板框过滤机中进行清洗（此时通孔切换阀处在与滤板垂直的状态），清洗液通过出管路流入量筒，压缩空气从压力罐排气阀中排出。

3.4 ▶ 过滤操作实训

3.4.1 实训准备

① 配料：在滤浆罐中加入一定量的自来水，将 $CaCO_3$ 粉末颗粒倒入其中，用搅拌器搅

拌形成 5%～25%（质量分数）浓度的悬浮液。$CaCO_3$ 事先由天平称重，水位高度按标尺示意，用卷尺测量筒身直径。配料时，应将滤浆罐底部阀门关闭。

② 搅拌：开启空气压缩机，将压缩空气通入滤浆罐（空气压缩机出口球阀保持半开，进入滤浆罐的两个阀门保持适当开度），使 $CaCO_3$ 悬浮液搅拌均匀。搅拌时，应将滤浆罐的顶盖合上。

③ 装板框：正确装好滤板、滤框及滤布。滤布使用前用水浸湿，滤布要绷紧，不能起皱。滤布紧贴滤板，密封垫贴紧滤布。（注意：用螺旋压紧时，千万不要把手指压伤，先慢慢转动手轮使板框合上，然后压紧）

④ 灌清水：向清水罐通入自来水，液面达视镜 2/3 高度左右。灌清水时，应将清水罐排气阀打开。

⑤ 灌料：在压力罐排气阀打开的情况下，打开滤浆罐和压力罐间的进料阀门，利用重力压差将料浆自动由滤浆罐流入压力罐至其视镜 1/2～2/3 处，关闭进料阀门。

⑥ 设定压力（此步不需要操作，由老师校准）：分别打开进压力罐的三路阀门，空气压缩机过来的压缩空气经各定值调节阀分别设定压力为 0.1MPa、0.2MPa 和 0.25MPa（出厂已设定，实训时不需要再调压。若欲进行 0.25MPa 以上压力过滤，需调节压力罐安全阀）。设定定值调节阀时，压力罐安全阀可略开。

3.4.2　实训操作

以采用 0.1MPa 过滤压力为例，实训操作具体如下：

① 启动空气压缩机使其处在工作状态（压缩机会根据压力情况，自动执行送气和断开操作）。

② 关闭滤浆罐出口阀、滤浆罐和压力罐连接阀、两罐间切换阀、清水管路的阀门。

③ 打开料浆进管路的阀门、出管路阀门。

④ 调节压力罐排气阀的开度，使其既能不断排气，又不能喷浆。

⑤ 打开定值调节阀（只开 0.1MPa 那一路的阀门，另外两路阀门关闭）。

⑥ 调节通孔切换阀为通路状态（此时通孔切换阀处在与滤板平行的状态）。

⑦ 观察压力罐上的压力表和料液进管路上的压力表。

⑧ 料液在滤框内进行过滤，清液从出管路排出（为避免滤框未压紧而漏液飞溅，可用布盖住滤框上部）。

⑨ 每次实训应把滤液从汇集管刚流出的时候作为开始时刻，每次 ΔV 取 800mL 左右。记录相应的过滤时间 $\Delta \tau$。每个压力下，测量 8～10 个读数即可停止实训。若欲得到干而厚的滤饼，则应每个压力下做到没有清液流出为止。量筒替换接滤液时不要流失滤液，等量筒内滤液静止后读出 ΔV 值（注意：ΔV 约 800mL 时替换量筒，这时量筒内滤液量并非正好 800mL。要事先熟悉量筒刻度，不要打碎量筒），此外，要熟练掌握双秒表轮流读数的方法。

⑩ 在该 0.1MPa 压力实训结束后，先打开泄压阀使压力罐泄压。

⑪ 然后卸下滤框、滤板、滤布进行清洗，清洗时滤布不要折，进行滤布更换。每个压力实训将滤液及滤饼均收集在小桶内，然后全部放回滤浆罐内再次利用，以保证浓度恒定，以便能进入下一个压力实训。

⑫ 改变压力进行下一个实训：重复①～⑪步骤。若压力罐中料液不足（小于视镜 1/4

时），需要及时补充，补充方法见上面灌料步骤。

3.4.3　实训结束时的操作

（1）反压物料以备下次实训使用

全开滤浆罐出口阀，控制滤浆罐和压力罐连接阀的开度（一般微开即可），将物料反压至配料槽，当听到空气鼓泡声时说明物料压送完毕，此时立即关闭滤浆罐和压力罐连接阀，否则会喷料，危险！

（2）清洗

① 启动空气压缩机使其处在工作状态（压缩机会根据压力情况，自动执行送气和断开操作）。

② 关闭滤浆罐出口阀、滤浆罐和压力罐连接阀、料浆进管路的阀门。

③ 打开两罐间切换阀、清水管路的阀门、出管路阀门。

④ 关闭或微开压力罐排气阀。

⑤ 打开定值调节阀（只开 0.1MPa 那一路的阀门，另外两路阀门关闭）。

⑥ 调节通孔切换阀为闭路状态（此时通孔切换阀处在与滤板垂直的状态）。

⑦ 观察清水罐上的压力表和清水管路上的压力表（此时，压力表指示清洗压力），清水罐出口流出清洗液。清洗液流出速度比同压力下过滤速度小很多。

⑧ 清洗液流动约 1min，可观察浑浊变化以判断清洗结束。记录清洗液体积和洗涤时间。

⑨ 结束清洗过程，关闭清水管路阀门，关闭两罐间切换阀。

（3）关机

① 先关闭空气压缩机出口球阀，再关闭空气压缩机电源。

② 打开安全阀处排气阀，使压力罐和清水罐泄压。

③ 卸下滤框、滤板、滤布进行清洗，清洗时滤布不要折。

④ 操作完毕，将滤液及滤饼均收集在小桶内，然后全部放回滤浆罐再次利用，以保证浓度恒定。

⑤ 将压力罐内物料反压到滤浆罐内以备下次使用，或将这二罐物料直接排空后用清水冲洗。

⑥ 实训完毕，在水桶内将板框清洗干净，否则物料会对设备造成腐蚀以致损坏设备，可能会导致以后实训效果不佳。

3.4.4　安全注意事项

老师和学生进入化工单元实训基地后必须佩戴合适的防护手套，无关人员不得进入，安全注意事项如下：

① 配料浓度不要太高，否则实训时滤框内很快充满滤饼。

② 适当选取每采集一次数据的滤液量，由于刚开始时滤液量多、后来滤液量少，灵活选取。

③ 板框安装时必须注意滤板、滤框的前后、左右位置的正确性，即按 1—2—3—2—1 顺序，滤板与滤框边上波纹面对波纹面、光面对光面。

④ 滤板与滤框之间的密封垫应放正，滤板与滤框的滤液进出口对齐。用摇柄把设备压紧，以免漏液。

⑤ 安装滤板、滤框并用螺旋压紧，应先慢慢转动手轮使板框合上，再压紧，注意不要把手指压伤。

⑥ 若得到的滤液一直较浑浊，则说明滤布未安装好，此时需重新安装。或者说明滤布已旧，或已经磨损，需更换。

⑦ 空气压缩机输出空气压力≤0.8MPa，严禁超压。

⑧ 滤布破损漏液，应立即停车泄压，更换滤布。

⑨ 每个学期的该实训结束时，需要将滤浆罐内的碳酸钙水溶液排净，然后用清水将滤浆罐、离心泵、板框清洗干净。

3.5 ▶ 过滤障碍排除实训

在正常过滤操作中，可以通过不定时改变某些阀门、管道或泵的工作状态，板框安装方法，滤布状态来扰动过滤系统正常的工作状态，这样可模拟出实际过滤过程中的常见故障，学生可根据现场各参数的变化情况、设备运行异常现象，分析故障原因，找出故障并动手排除故障，使系统恢复到正常操作状态，以提高学生对工艺流程的认识度和实际动手能力。学生在完成障碍排除后，提交书面报告，详细记录障碍现象、原因分析、解决方案和操作过程，教师根据学生的操作表现和报告内容进行障碍排除考核。

(1) 解决板框过滤机恒压过滤中滤布堵塞导致的流量下降问题

在正常过滤操作中，教师可主动操控，隐蔽地人为制造滤布堵塞，如加入比正常情况更多的细小固体颗粒，或暂停过滤一段时间让已沉积的颗粒进一步压实滤布，学生通过观察滤液及系统工作参数的变化情况，分析引起系统异常的原因并作处理，使系统恢复到正常操作状态。本实训可以训练学生快速疏通并制定有效预防措施的能力，提升对过滤系统维护与优化的认识。

(2) 滤布破损导致的漏液问题排除

在正常过滤操作中，教师可主动操控，隐蔽地人为在滤布上制造一个小洞或将其撕裂，模拟实际使用中的破损情况，学生通过观察滤液颜色及系统工作参数的变化情况，分析引起过滤系统异常的原因并作处理，使系统恢复到正常操作状态。本实训可以训练学生快速识别破损点、更换滤布以及预防未来类似问题发生的能力。

3.6 ▶ 实训数据记录

实训数据记录表见表 3-1。

表 3-1 过滤操作实训数据记录表

序号	过滤压差 ($\Delta p_1 =$ ___ kPa)		过滤压差 ($\Delta p_2 =$ ___ kPa)		过滤压差 ($\Delta p_3 =$ ___ kPa)	
	过滤时间/s	滤液量/mL	过滤时间/s	滤液量/mL	过滤时间/s	滤液量/mL
1						

续表

序号	过滤压差 ($\Delta p_1 =$ ___ kPa)		过滤压差 ($\Delta p_2 =$ ___ kPa)		过滤压差 ($\Delta p_3 =$ ___ kPa)	
	过滤时间/s	滤液量/mL	过滤时间/s	滤液量/mL	过滤时间/s	滤液量/mL
2						
3						
4						
5						
6						
7						
8						
9						
10						

实训环境：水温_____℃，CaCO₃悬浮液质量分数约_____%。

数据处理方法可以参考实训背景部分：

① 由恒压过滤操作数据求过滤常数 K、q_e、τ_e。

② 比较几种压差下的 K、q_e、τ_e 值，讨论压差变化对以上参数值的影响。

③ 在直角坐标纸上绘制 $\lg K$-$\lg \Delta p$ 关系曲线，求出 s。

（1）操作记录

（2）异常情况记录及处理

（3）障碍排除型操作

思考题

（1）为什么过滤开始时，滤液常常有点浑浊，而过段时间后才变清？

（2）在某一恒压下测量 K、q_e、τ_e 值后，若将过滤压力提高一倍，问上述三个值将有何变化？

（3）恒压过滤中，不同过滤压力得到的滤饼结构是否相同？

（4）不同的过滤压力下，恒压过滤至满框时，得到的过滤量是否相同？为什么？

（5）压力罐上方压力表的读数要大于板框机入口处的压力表读数，为什么？实训压力应读取哪个压力表上的示数？

（6）板框过滤机的优缺点是什么？适用于什么场合？

（7）对于恒压过滤，通过延长过滤时间来提高板框过滤机的生产能力是否可行？为什么？

（8）如果滤液的黏度过大，采用什么方法提高过滤速度？

（9）如果操作压力增加一倍，其 K 值是否也要增加一倍？要得到同样的滤液量时，其过滤时间是否缩短一半？

（10）本装置做哪些改进后，可以进行先恒速后恒压，或者恒速过滤的研究？

（11）影响过滤速度的主要因素有哪些？

（12）简述影响间歇过滤机生产能力的主要因素以及提高间歇过滤机生产能力的途径。

第4章
吸收-解吸操作及障碍排除实训

 导读

吸收操作在化工生产中具有广泛的应用。在硫酸生产过程中，为了制备发烟硫酸，通常需要用到吸收操作，其步骤如下：首先，硫铁矿煅烧生成 SO_2；随后，生成的 SO_2 与氧气反应生成 SO_3；最后，合成的 SO_3 进入吸收塔，与从塔顶喷淋而下的浓硫酸逆流接触。在吸收塔内，SO_3 被浓硫酸吸收，形成一系列的水合物，最终得到发烟硫酸。在合成氨工业上，其脱硫、脱碳工段均采用溶剂吸收法通过吸收-解吸操作来脱除有害气体，该方法吸收效率高，装置运行费用低。

4.1 ▶ 实训背景

4.1.1 基本概念

气体吸收与解吸是化工生产中重要的单元操作过程，是利用气体混合物中各成分在液体吸收剂中的溶解度差异，实现气体的有效分离。当溶质在气相中的分压大于该组分的饱和蒸气压时，溶质就从气相溶入液相中，称为吸收过程。当溶质在气相中的分压小于该组分的饱和蒸气压时，溶质就从液相逸出到气相中，称为解吸过程。

在工业应用中，吸收过程主要用于气体净化领域，通过选择合适的溶剂捕获并移除有害成分，以确保输出气体达到规定的纯净度标准。当溶质在吸收液中达到溶解与挥发的动态平衡状态，即形成所谓的溶解平衡时，溶质在气相中的分压，称为该组分在该吸收液中的饱和蒸气压。被吸收剂捕获的成分被界定为溶质或吸收质，而含有较高浓度此类溶质的气体称为富气；反之，不被溶解的气体，则称为贫气或惰性气体。提高压力、降低温度有利于溶质吸收；降低压力、升高温度有利于溶质解吸，正是利用这一原理来分离气体混合物，而液体吸收剂可以重复使用。

本装置针对吸收-解吸操作实训教学实践的特点，采用了一套以水与 CO_2 为核心的吸收与解吸循环系统，旨在减少学生在实训环节面临的安全风险，确保学习过程的高效与安全。

4.1.2 实训原理

在化工生产中，除了少数直接产出液态产品的吸收过程外，大多数吸收过程均涉及吸收剂的后续再生步骤，这一过程在解吸塔内完成，实施的是与吸收过程逆向的操作——解吸。

因此，吸收与解吸两大核心环节构成一个全面且完善的吸收分离体系。气体的吸收与解吸过程，作为传质过程的典范，广泛地应用于石油化工及精细化工等多个生产领域的核心单元操作中。

　　本装置利用水作为媒介，从空气中捕获 CO_2 成分。鉴于 CO_2 在水中的溶解度相对有限，即便通过预先将 CO_2 气体与空气混合提升其 CO_2 浓度，水溶液中溶解的 CO_2 量也依然保持较低水平。因此，在进行吸收量的计算时，可合理采用低浓度气体吸收的理论框架进行处理。此外，该体系下 CO_2 的吸收过程核心控制机制主要归结于液膜效应，即吸收速率受限于气液界面处液膜对 CO_2 分子的传递能力。因此，本实训主要测定气相总体积传质系数 K_{Ya} 和气相总传质单元高度 H_{OG}。

　　本装置填料层高度 Z 的计算公式如式(4-1)、式(4-2) 所示。

$$Z=\frac{V}{K_{Ya}\Omega}\int_{Y_2}^{Y_1}\frac{dY}{Y-Y^*}=H_{OG}N_{OG} \tag{4-1}$$

$$Z=\frac{L}{K_{Xa}\Omega}\int_{X_2}^{X_1}\frac{dX}{X^*-X}=H_{OL}N_{OL} \tag{4-2}$$

式中　Y_1、Y_2——进、出塔气相中吸收质摩尔比；

　　X_2、X_1——进、出塔液相中吸收质摩尔比；

　　　　V——惰性气体的摩尔流量，kmol/h；

　　　　L——吸收剂的摩尔流量，kmol/h；

　　　　Ω——塔截面积，m^2；

　　H_{OL}——液相总传质单元高度，m；

　　N_{OL}——液相总传质单元数，无量纲；

　　H_{OG}——气相总传质单元高度，m；

　　N_{OG}——气相总传质单元数，无量纲；

　　K_{Ya}——以 Δy 为推动力的气相总体积传质（吸收）系数，$K_{Ya}=\frac{V}{Z\Omega}N_{OG}$ kmol/

　　　　$(m^3\cdot s)$；

　　K_{Xa}——以 Δx 为推动力的液相总体积传质（吸收）系数，$K_{Xa}=\frac{L}{Z\Omega}N_{OL}$ kmol/

　　　　$(m^3\cdot s)$；

　　Y^*——与液相平衡时的气相中吸收质摩尔比；

　　X^*——与气相平衡时的液相中吸收质摩尔比。

$$N_{OG}=\int_{Y_2}^{Y_1}\frac{dY}{Y-Y^*}=\frac{Y_1-Y_2}{\Delta Y_m} \tag{4-3}$$

　　其中，

$$N_{OL}=\int_{X_2}^{X_1}\frac{dX}{X^*-X}=\frac{X_1-X_2}{\Delta X_m} \tag{4-4}$$

　　式中，ΔY_m 和 ΔX_m 的计算公式分别如式(4-5)、式(4-6) 所示。

$$\Delta Y_m=\frac{\Delta Y_1-\Delta Y_2}{\ln\frac{\Delta Y_1}{\Delta Y_2}}=\frac{(Y_1-Y_1^*)-(Y_2-Y_2^*)}{\ln\frac{Y_1-Y_1^*}{Y_2-Y_2^*}} \tag{4-5}$$

$$\Delta X_{\mathrm{m}} = \frac{\Delta X_1 - \Delta X_2}{\ln \frac{\Delta X_1}{\Delta X_2}} = \frac{(X_1^* - X_1) - (X_2^* - X_2)}{\ln \frac{X_1^* - X_1}{X_2^* - X_2}} \tag{4-6}$$

其中，
$$Y^* = mX , \quad X^* = \frac{Y}{m}$$

式中，m 为相平衡常数。

由物料平衡得出塔内任意截面上的气相组成 Y 与液相组成 X 之间的关系如式(4-7)、式(4-8) 所示。

$$Y = \frac{L}{V}X + Y_1 - \frac{L}{V}X_1 \tag{4-7}$$

$$Y = \frac{L}{V}X + Y_2 - \frac{L}{V}X_2 \tag{4-8}$$

由此可得：

$$N_{\mathrm{OG}} = \frac{L}{1 - \frac{mV}{L}} \ln \left[\left(1 - \frac{mV}{L} \right) \frac{Y_1 - mX_2}{Y_1 - mX_1} + \frac{mV}{L} \right] \tag{4-9}$$

$$N_{\mathrm{OL}} = \frac{1}{1 - \frac{L}{mV}} \ln \left[\left(1 - \frac{L}{mV} \right) \frac{Y_1 - mX_2}{Y_1 - mX_1} + \frac{L}{mV} \right] \tag{4-10}$$

本实训装置的测定方法如下：

① 在本实训过程中，空气与水流量的测定是关键步骤之一。系统内置的自动控制系统利用流量传感器实时监测并记录水流量的动态变化，确保数据的即时性与准确性。同时，空气流量则借助专业的流量计进行测量，随后依据当前实训环境的特定条件（如温度、压力等参数），结合相关公式进行转换，以求得空气与水的摩尔流量。

② 紧接着，对实训装置中填料层的高度 Z 以及塔体的直径 D 进行精确测量与记录。

③ 然后，还需对塔底与塔顶位置的气体组分进行取样分析，分别测定其气相组成 Y_1 和 Y_2。

④ 最后，基于上述步骤中收集到的各项数据，运用上述关系式进行系统的计算与分析。

4.1.3 吸收和解吸方法

(1) 吸收过程的强化方法

实际生产中，常见吸收过程的强化方法如下。

① 采用逆流吸收操作：在气液两相初始组成一致且操作环境相同的前提下，采用逆流操作模式能够更有效地提升吸收液的最终浓度，并增大整体的吸收推动力。

② 提高吸收剂的流量：在混合气体入口流量与浓度保持恒定的情境下，适度增加吸收剂的流量，会导致吸收操作线上扬，进而增强吸收过程的推动力，降低气体出口浓度，最终实现吸收速率的显著提升。然而，值得注意的是，过度增加吸收剂流量虽能提升吸收效果，但也会相应增加操作成本，因此需合理控制吸收剂的流量。

③ 降低吸收剂入口温度：在维持其他吸收条件不变的基础上，降低吸收剂的温度，可以促使相平衡常数增大，导致吸收操作线相对于平衡线发生偏移，从而增大吸收推动力，加

速吸收过程的进行。

④ 降低吸收剂入口溶质的浓度：当吸收剂进入吸收塔时的溶质浓度被调低时，液相入口处的吸收推动力将得到增强，这种增强效应会沿着整个吸收塔传递，最终提升全塔范围内的吸收推动力。

⑤ 选择适宜的气体流速：持续监测出口气体中的雾沫夹带现象非常重要。气速（即气体流速）过低（即低于载点气速），会抑制传质过程的进行；而气速过高，一旦接近或达到液泛临界速度，则会导致大量液体被气体夹带而出，不仅操作稳定性受损，还因严重的雾沫夹带现象而降低吸收塔的分离效率，并伴随吸收剂的显著损失。

⑥ 选择吸收速率较高的塔设备：针对待处理物料的特性，挑选具备高吸收速率的塔设备是提高整体效率的关键。以填料塔为例，在填充过程中，应确保填料层分布均匀，避免因填料分布不均而产生的沟流与壁流现象，这些现象会缩减有效传质区域面积，进而削弱塔的分离效果。此外，定期对填料塔进行清洗维护也是不可或缺的步骤，可以清除可能黏附或堵塞填料的液体，保障其持续高效运行。

⑦ 控制塔内的操作温度：较低的操作温度对吸收过程具有正面促进作用，当温度过高时，必须采取热移除或冷却措施，以确保吸收塔能在适宜的低温环境下稳定运行。

⑧ 提高流体的湍动程度：流体的湍动状态越显著，其气膜与液膜的厚度越薄，从而有效减小传质阻力。这一策略可依据传质阻力的主要来源分为两方面来实施：一方面，若气相侧的传质阻力占据主导地位，则可通过增加气体流速来提升气相的湍动程度，进而显著降低吸收阻力；另一方面，若液相侧的传质阻力更为显著，则相应地，通过提升液体流速来增强液相的湍动程度，同样能达到有效减少吸收阻力的目的。

（2）解吸方法

解吸可视作吸收的逆向转变。在工业生产中，解吸环节承载双重使命：一是提取出高纯度的气体溶质以满足生产需求；二是实现溶剂的再生循环利用，此举在经济层面尤为必要，降低了运行成本。

工业领域内，吸收与解吸常组合应用。例如，利用洗油技术从煤气中脱除粗苯的过程，便巧妙地融合了吸收与解吸的组合应用。解吸过程本质上涉及吸收质由液相向气相的迁移，其实现的必要条件则与吸收过程截然相反。具体而言，要求气相中溶质的分压（或浓度）必须低于液相中该溶质在平衡状态下的分压（或浓度），两者之差构成了解吸过程顺利进行的推动力。

常用的解吸方法有以下几种。

① 加热解吸：通过对溶液实施加热处理，提升其温度，能够增加溶液中溶质的平衡蒸气压，同时降低溶质在溶剂中的溶解度，进而促进溶质与溶剂之间的有效分离。

② 减压解吸：在降低操作压力的环境下，气相中溶质的分压会随之下降，这种压力差成为推动溶质从吸收液中释放出来的关键因素。

③ 从惰性气体中解吸：将加热后的溶液引入解吸塔顶部，与自下而上流动的惰性气体（或水蒸气）形成逆流接触。由于进入塔内的惰性气体中溶质分压近乎为零，这种浓度梯度促进了溶质由液相向气相的转移。

④ 精馏解吸：利用精馏技术，通过控制操作条件，实现溶质与溶剂之间的高效分离。在实际生产中，选择何种解吸方法最为适宜，需综合考虑工艺特性、经济成本及操作效率等多方面因素，进行具体而深入的分析。此外，为提高解吸效果，还可探索将多种解吸方法相

结合的综合应用策略。

4.1.4 吸收塔操作的主要控制因素

在吸收工艺中，控制策略常聚焦于吸收后尾气浓度或是离开塔体时溶液中的溶质浓度。若操作目的在于净化排放气体，则核心控制参数转向为吸收后的尾气浓度水平；若吸收液即为目标产品，则重点关注出塔溶液中溶质的浓度表现。

（1）操作温度

操作温度的调整，是优化吸收速率的关键一环。具体来说，较低的操作温度能够显著增强气体在溶剂中的溶解性能，从而提升吸收效率，确保尾气中溶质残留量处于较低水平。相反，当操作温度攀升时，吸收动力减弱，吸收效果随之降低，易导致尾气中溶质浓度上升。此外，某些吸收剂在高温下易产生泡沫，这进一步加剧了气体出口处液体的夹带现象，即更多的液体被气体裹挟而出，给后续的气液分离步骤带来了更大的挑战与负荷。

在处理伴有显著热效应的吸收过程时，为了确保系统的稳定运行，常需在吸收塔内部或外部安装中间冷却设备，以便有效地移除吸收过程中产生的热量。在需要进一步降低塔内温度时，一个常见的策略是增加冷却水的供给量，以此增强冷却效果。然而，当冷却水本身温度偏高，导致其冷却效能受限，且无法通过增加水量来提升时，另一种可行的方案是增加吸收剂的投入量，这样也可以降低塔温。对于设计有外部循环系统及配备冷却装置的吸收流程而言，除了上述方法外，还可以通过增大吸收液的循环流量来达成降温目的。

（2）操作压力

在吸收操作的优化中，提升操作压力展现出多重优势。首先，它能增强吸收过程的推动力，进而提升气体的吸收率，并允许设计更为紧凑的吸收设备。其次，此举还能提升溶液的吸收能力，有助于减少溶液循环量。实际操作中，吸收塔的压力主要依据原料气的成分构成、工艺规定的气体净化标准及前后工序的操作压力来设定。在解吸操作的优化中，增加压力则会削弱解吸的推动力，导致解吸过程不完全，同时增加解吸过程的能耗并加剧溶液对设备的侵蚀作用。另外，鉴于操作温度与压力之间的内在联系，压力的上升会伴随温度的升高，这在一定程度上加快了被吸收溶质的解吸速率。因此，为了简化工艺流程、提升操作便捷性，解吸操作往往选择在略高于大气压力的环境下进行。

（3）吸收剂用量

在实际操作中，若吸收剂供给不足，会导致填料层表面未能充分润湿，进而限制气液两相的有效接触，这种情况下，即便吸收剂用量小，出塔溶液的浓度也不会显著提升，反而因接触不足而促使尾气中溶质浓度上升，吸收率下降。反之，随着吸收剂用量的增加，塔内喷淋量提升，气液接触面积扩大，由于液气比上升，增强了吸收过程的推动力。针对一定的分离需求，增大吸收剂用量还能通过降低操作温度来加快吸收速率，从而提高吸收率。然而，当吸收液浓度已显著偏离平衡浓度时，进一步增加吸收剂用量将不再显著提升吸收推动力，反而可能因塔内液体积累过多而增大系统压差，恶化操作条件，削弱吸收推动力，导致尾气中溶质浓度再次上升。此外，吸收剂用量的增加还会加重后续溶剂再生环节的负担。因此，在调整吸收剂用量时，必须充分考虑实际操作条件与需求进行具体处理。

（4）吸收剂中溶质浓度

在涉及吸收剂循环再利用的吸收流程中，入塔前的吸收剂往往已含有微量的溶质。此溶质浓度的高低直接影响着吸收过程的推动力，即浓度越低，则吸收推动力越大，在吸收剂供给充足的前提下，能有效降低尾气中溶质的残留浓度。反之，若吸收剂中溶质浓度攀升，则会削弱吸收推动力，导致尾气中溶质浓度上升，极端情况下可能无法满足既定的分离标准。鉴于此，一旦发现入塔吸收剂中的溶质浓度有所上升，便需及时对解吸环节进行针对性调整，旨在确保解吸后重新投入循环的吸收剂能够符合工艺要求。

（5）气流速度

气流速度作为吸收过程中的一个重要变量，其大小直接关联到吸收过程。具体而言，当气流速度提升时，气、液膜趋于薄化，有效降低了气体分子穿越液相的阻力，促进了吸收过程的进行，并提升了吸收塔单位时间内的生产效率。然而，值得注意的是，若气流速度超出合理范围，则可能诱发液泛、雾沫夹带等不利现象，或是导致气液两相接触不良，从而影响吸收效果。因此，在实际操作中，确定并维持一个最优化的气流速度非常重要，可以确保吸收过程既高效又稳定。

（6）液位

在吸收-解吸系统中，液位控制是保障工艺平稳运行的重要因素。无论是吸收塔还是解吸塔，均需维持液位的稳定状态。液位偏低可能引发气体泄漏至后续低压设备，造成超压风险或溶液泵的抽空现象；而液位过高，则可能导致出口气体携带过多液体，对后续工艺的安全与效率构成影响。因此，操作人员需密切监控原料组成的变化及生产负荷的波动，灵活调整工艺参数，及时发现并解决问题，这是吸收操作不可缺少的工作。

4.2 ▶ 实训目的

① 具备准确辨识并绘制包含仪表控制点的吸收与解吸操作实训工艺流程图的能力。

② 深入理解填料吸收塔与解吸塔的构造及运行机理，熟悉代表性的吸收-解吸工艺流程，从而构建吸收-解吸的整体概念。

③ 熟练掌握填料吸收塔与解吸塔的日常操作技巧与调节方法。

④ 在实训过程中，能够准确无误地运用各类设备、仪器及仪表，并养成定期维护，保养设备、仪器及仪表的良好习惯。

⑤ 精通单元装置操作平台的自动与手动控制模式，能够根据实际需求灵活切换。

⑥ 该装置采用贴近工业实际的工程化布局设计，配备操作平台与斜梯，要求熟悉此类工业吸收-解吸过程的布局特色。

⑦ 深入了解填料吸收塔与解吸塔常见的故障类型及其针对性的处理措施。

⑧ 实时监控实训设备的运行状态，能够迅速发现、分析、判断并妥善处理各类异常情况，同时熟练掌握紧急停车操作的步骤与技巧。

⑨ 把握影响吸收与解吸过程效率的关键因素，理解总传质系数在评估吸收-解吸方面的意义。

⑩ 熟悉开车前的准备工作流程，确保按照规范正常启动与关闭设备，同时能根据操作要求调整各项工艺参数，以满足既定的工艺指标要求。

⑪ 精确执行水吸收空气与 CO_2 混合气体中 CO_2 的实训操作，通过对比分析吸收前后的 CO_2 浓度变化，准确计算出传质系数与传质单元高度。

⑫ 精确执行空气解吸水中 CO_2 的实训步骤，分析处理前后 CO_2 的浓度变化，并据此计算传质系数与传质单元高度。

⑬ 了解气相色谱仪的构造原理、操作步骤与使用规范，同时了解原料、吸收液及解吸液纯度检测的实施方法。

⑭ 熟练掌握压力监测与调节技术，准确测量液位的方法及联锁控制；同时，精通流量检测、调节与控制策略，以及温度传感器的识别与 PID 控制原理。

⑮ 能够迅速定位系统中的故障点并排除故障。

⑯ 深入了解并掌握工业生产现场的安全知识与规范。

4.3 ▶ 吸收-解吸操作实训装置简介

4.3.1 装置结构及工艺流程

本实训所用的吸收-解吸操作实训装置，其工艺流程图和现场图分别如图 4-1 和图 4-2 所示。

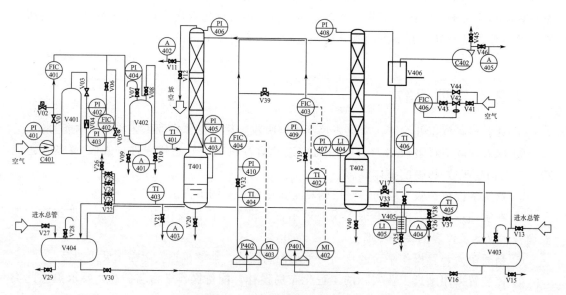

图 4-1　吸收-解吸工艺流程图

来自 CO_2 钢瓶的高压 CO_2 气体，在经历减压处理后，与风机输出的空气以一定比例（混合气体中 CO_2 浓度为 5%～20%）进行混合。随后，此混合气体流经稳压罐，以确保其压力稳定及气体成分均匀混合，之后被引入吸收塔底部。在塔内，混合气体与自塔顶向下流动的吸收液体（水）发生逆向接触，实现 CO_2 的有效吸收，处理后的气体则从塔顶排出。

完成 CO_2 吸收任务的富液，自吸收塔底部收集至富液储罐中，随后通过富液泵输送至解吸塔顶部。在解吸塔内，富液与逆向流动的解吸空气逆向接触，促使富液中的 CO_2 释放出来。解吸出的气体自塔顶排空，而经过去除 CO_2 的贫液则从解吸塔底部流入贫液储罐。

图 4-2 吸收-解吸装置现场图

贫液进一步通过贫液泵循环送回吸收塔顶部,继续参与新一轮的 CO_2 吸收过程,以此形成连续的循环吸收与解吸。该装置主要由吸收塔、解吸塔、富液储罐、富液泵、贫液泵、液封槽、贫液储罐、分离槽、稳压罐和风机等设备组成,主要分为静设备、动设备、塔体及其附件、阀门等,主要静设备规格参数如表 4-1 所示,主要动设备规格参数如表 4-2 所示,塔体及其附件规格参数如表 4-3 所示,主要阀门如表 4-4 所示。

表 4-1 主要静设备一览表

位号	名称	规格	容积(估算)	材质	结构形式
V403	贫液储罐	ϕ426mm×600mm	85L	304 不锈钢	卧式
V404	富液储罐	ϕ426mm×600mm	85L	304 不锈钢	卧式
V402	稳压罐	ϕ300mm×500mm	35L	304 不锈钢	立式
V405	液封槽	ϕ102mm×400mm	3L	304 不锈钢	立式
V406	分离槽	ϕ120mm×200mm	2L	玻璃	立式
V401	CO_2 钢瓶	ϕ235mm×1400mm	40L	304 不锈钢	立式

表 4-2　主要动设备一览表

位号	名称	参数	配电
C401	风机Ⅰ	旋涡鼓风机; 功率:0.12kW; 最大流量:21m³/h; 工作电压:380VAC①	HG-120-C 220V(单相)
C402	风机Ⅱ	旋涡鼓风机; 功率:0.75kW; 最大流量:110m³/h; 工作电压:380VAC	HG-750-C 380V(三相)
P401	吸收水泵Ⅰ	不锈钢离心泵; 扬程:14.6m; 流量:3.6m³/h; 供电:三相380VAC,0.37kW; 泵壳材质:不锈钢; 进口:DN32,出口:DN25	MS60/0.37 380V(三相)
P402	吸收水泵Ⅱ	不锈钢离心泵; 扬程:14.6m; 流量:3.6m³/h; 供电:三相380VAC,0.37kW; 泵壳材质:不锈钢; 进口:DN32,出口:DN25	MS60/0.37 380V(三相)

① 表示交流电压380V。

表 4-3　塔体及其附件一览表

位号	名称	规格	备注
T401	吸收塔	主体塔节,有机玻璃,φ100mm×1500mm; 上出口段,不锈钢,φ108mm×150mm; 下部入口段,不锈钢,φ200mm×500mm	不锈钢规整丝网填料, 高度1500mm
T402	解吸塔	主体塔节,有机玻璃,φ100mm×1500mm; 上出口段,不锈钢,φ108mm×150mm; 下部入口段,不锈钢,φ200mm×500mm	不锈钢丝网填料, 高度1500mm

表 4-4　主要阀门一览表

序号	位号	设备阀门功能	序号	位号	设备阀门功能
1	V01	风机Ⅰ出口阀	11	V11	吸收塔出塔气体取样阀
2	V02	风机Ⅰ出口电磁阀	12	V12	吸收塔放空阀
3	V03	钢瓶出口阀	13	V13	贫液储罐进水阀
4	V04	钢瓶减压阀	14	V14	贫液储罐放空阀
5	V05	CO_2 流量计旁路电磁阀	15	V15	贫液储罐排污阀
6	V06	CO_2 流量计阀门	16	V16	贫液泵进水阀
7	V07	稳压罐放空阀	17	V17	吸收液管路故障电磁阀
8	V08	稳压罐出口阀	18	V19	贫液泵出口止回阀
9	V09	稳压罐排污阀	19	V20	贫液泵出口阀
10	V10	吸收塔进塔气体取样阀	20	V21	吸收塔排污阀

序号	位号	设备阀门功能	序号	位号	设备阀门功能
21	V22	吸收塔出口液体取样阀	33	V35	液封槽排污阀
22	V23	吸收塔排液阀	34	V36	液封槽底部排液取样阀
23	V24	吸收塔排液阀	35	V37	液封槽排液阀
24	V25	吸收塔排液阀	36	V38	解吸液回流阀
25	V26	吸收塔排液放空阀	37	V39	解吸液管路故障电磁阀
26	V27	富液储罐进水阀	38	V40	解吸塔排污阀
27	V28	富液储罐放空阀	39	V41	调节阀切断阀
28	V29	富液储罐排污阀	40	V42	调节阀
29	V30	富液泵进水阀	41	V43	调节阀切断阀
30	V32	富液泵出口阀	42	V44	调节阀旁路阀
31	V33	解吸塔排液阀	43	V45	风机Ⅱ出口阀
32	V34	液封槽放空阀	44	V46	风机Ⅱ出口取样阀

4.3.2 装置配套岗位操作技能

本装置以水吸收空气中的 CO_2 体系，可进行吸收操作和解吸操作过程。

① 吸收-解吸岗位技能：操作吸收塔、解吸塔。

② 化工仪表操作岗位技能：涵盖增压泵的操作维护、转子流量计的使用、变频器的灵活应用、差压变送器的操作应用、热电阻的温度测量、无纸记录仪的数据记录、声光报警器的识别与响应、调压模块的精细调控，以及各类就地弹簧指针表的解读与使用技巧。

③ 现场工艺控制岗位技能：现场设备的熟练操作与控制。

④ 质量控制岗位技能：掌握贫液与富液流量控制的方法。

⑤ 远程与就地综合监控技能：熟悉现场控制台仪表与微机之间的通信设置，实现实时数据的高效采集与过程监控；同时，熟悉总控室 DCS 系统与现场控制台之间的通信机制，能够熟练进行操作工段的远程切换、远程监控以及流程组态的灵活上传与下载。

⑥ 分析岗位技能：能进行气相色谱分析及化学分析。

4.3.3 装置控制及工艺操作指标

在化工领域内，确保各工艺参数的精准控制是非常重要的，因为有些工艺变量直接影响到最终产品的数量与品质。为了充分满足实训教学及实际生产操作中的多元化需求，可以采取两种不同的控制策略：一种是通过人工直接干预的方式进行控制，另一种则是依托先进的自动化控制技术。在后者中，自动化仪表及其配套控制设备扮演着核心角色，它们能够代替人类进行观察、判断、决策及操作。

（1）工艺操作指标

吸收-解吸的工艺操作指标如表 4-5 所示。

表 4-5　工艺操作指标一览表

操作单元	操作指标
CO_2 钢瓶出口压力	≤4.8MPa
减压阀后压力	≤0.04MPa
CO_2 减压阀后流量	约 100L/h
吸收塔风机出口风量	约 1.9m³/h
吸收塔进气压力	2.0～6.0kPa
贫液泵出口流量	约 1m³/h
解吸塔风机出口风量	约 16m³/h
解吸塔风机出口压力	约 1.0kPa
富液泵出口流量	约 1m³/h
贫液储罐液位	1/3～2/3 液位计
富液储罐液位	1/3～2/3 液位计
吸收塔液位	1/3～2/3 液位计
解吸塔液位	1/3～2/3 液位计

（2）主要控制点的控制方案

在 DCS 系统控制中通过 PID 控制器调整气动阀、电动阀和电磁阀等自动阀门的开关闭合。在 PID 控制器中可以实现自动/AUT、手动/MAN、串级/CAS 三种控制模式的切换。

PID 控制器模式包括：①［AUT］计算机自动控制；②［MAN］计算机手动控制；③［CAS］串级控制，即两个调节器串联起来工作，其中一个调节器的输出作为另一个调节器的给定值。

PID 控制器通过改变以下参数来调整气动阀、电动阀和电磁阀等自动阀门的开关闭合：①实际测量值［PV］，该参数由传感器测得；②设定值［SP］，计算机根据该参数和实际测量值［PV］之间的偏差，自动调节阀门的开度（即输出值［OP］），可在自动/AUT 模式下调节此参数；③输出值［OP］，通过计算机手动设定 0～100 的数据来调节阀门的开度，可在手动/MAN 模式下调节此参数。

富液泵和贫液泵的出口流量控制流程图如图 4-3 所示，吸收塔和解吸塔的进口风机流量控制流程图分别如图 4-4 和图 4-5 所示。

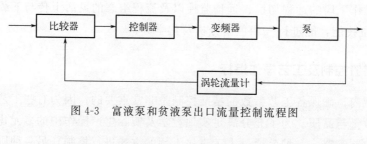

图 4-3　富液泵和贫液泵出口流量控制流程图

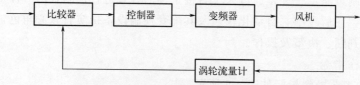

图 4-4　吸收塔进口风机流量控制流程图

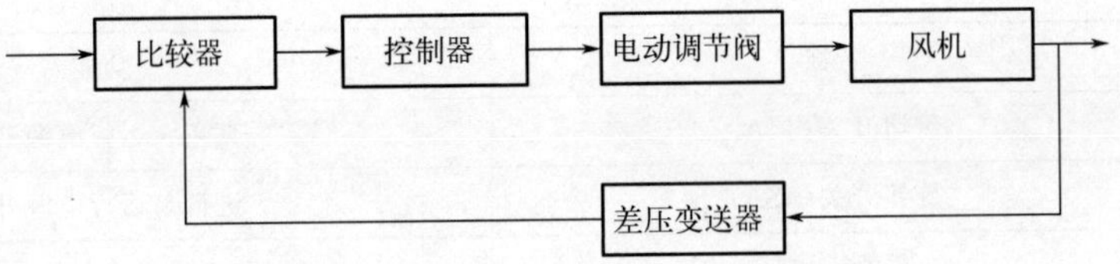

图 4-5　解吸塔进口风机流量控制流程图

（3）现场控制柜面板

吸收-解吸操作的控制柜面板部件一览表如表 4-6 所示。

表 4-6　控制柜面板部件一览表

序号	名称	功能
1	试验按钮（SB1）	检查声光报警系统是否完好
2	闪光报警器（3A）	发出报警信号，提醒操作人员
3	消音按钮（SB2）	消除警报声音
4	C3000 调节记录仪（1A）	工艺参数的远传显示、操作
5	C3000 调节记录仪（2A）	工艺参数的远传显示、操作
6	标签框	注释仪表通道控制内容
7	标签框	注释仪表通道控制内容
8	仪表开关（SA1）	仪表电源开关
9	报警开关（SA2）	报警系统电源开关
10	空气开关（2QF）	装置仪表电源总开关
11	电脑安装架	
12	电压表（PV101）	再沸器加热 UV 相电压
13	电压表（PV102）	再沸器加热 VW 相电压
14	电压表（PV103）	再沸器加热 WU 相电压
15	电流表（PA104）	再沸器加热电流
16	电压表（PV105）	原料加热器加热电压
17	电流表（PA106）	原料加热器加热电流
18	风机 I 电源指示灯	风机 I 通电指示
19	风机 II 电源指示灯	风机 II 通电指示
20	电源指示灯（4HG）	贫液泵运行状态指示
21	电源指示灯（1HG）	富液泵运行状态指示
22	电源指示灯（2HG）	真空泵运行状态指示
23	电源指示灯（3HG）	进料泵运行状态指示
24	旋钮开关（6SA）	风机 I 运行电源开关
25	旋钮开关（7SA）	风机 II 运行电源开关
26	旋钮开关（8SA）	贫液泵运行电源开关
27	旋钮开关（3SA）	富液泵运行电源开关

续表

序号	名称	功能
28	旋钮开关（4SA）	真空泵运行电源开关
29	旋钮开关（5SA）	进料泵运行电源开关
30	黄色指示灯	空气开关通电状态指示
31	绿色指示灯	空气开关通电状态指示
32	红色指示灯	空气开关通电状态指示
33	空气开关（1QF）	电源总开关

（4）C3000 调节记录仪组态

C3000 调节记录仪组态的出厂前参数已设定好，具体如表 4-7 和表 4-8 所示。

表 4-7 C3000 仪表（A）组态一览表

输入通道				
通道序号	通道显示	位号	单位	信号流量
第一通道	吸收塔进塔气相温度	TI-401	℃	4～20mA
第二通道	贫液泵出口液相温度	TI-402	℃	4～20mA
第三通道	吸收塔出塔液相温度	TI-403	℃	4～20mA
第四通道	富液泵出口温度	TI-404	℃	4～20mA
第五通道	解吸塔出塔液相温度	LI-405	℃	4～20mA
第六通道	解吸塔进塔气相温度	TI-406	℃	4～20mA
第七通道	吸收塔底气相压力	PI-405	kPa	4～20mA
第八通道	吸收塔顶气相压力	PI-406	kPa	4～20mA

表 4-8 C3000 仪表（B）组态一览表

输入通道				
通道序号	通道显示	位号	单位	信号流量
第一通道	解吸塔塔底压力	PI-407	kPa	4～20mA
第二通道	解吸塔塔顶压力	PI-408	kPa	4～20mA
第三通道	风机Ⅰ出口流量	FIC-401	m^3/h	4～20mA
第四通道	贫液泵出口流量	FIC-403	m^3/h	4～20mA
第五通道	富液泵出口流量	FIC-404	m^3/h	4～20mA
第六通道	解吸塔进塔气相流量	FIC-405	m^3/h	4～20mA

4.3.4 常见问题及其处理措施

吸收-解吸装置的常见问题有塔体的腐蚀、液体分布器和液体再分布器损坏、填料损坏、溶液循环泵的腐蚀、塔体振动等。

（1）塔体的腐蚀

塔体的腐蚀主要是由吸收塔与解吸塔内部壁面的网状腐蚀导致的凹陷问题，其根源可归结为以下几个方面：

①　塔体构建材料选择不当，未能充分抵御运行环境的侵蚀；

②　初始投运阶段的钝化处理未能达到预期效果；

③　缓蚀剂在溶液中的浓度与吸收剂浓度之间存在不匹配，影响防护效能；

④　溶液流动分布不均，塔壁周边气液接触状态失衡，加剧局部侵蚀。

在腐蚀初现阶段，塔壁表面会经历由光滑转粗糙的过程，伴随钝化膜附着力的减弱。随后，在流体冲刷或物理冲击下，局部钝化膜可能剥落，进而促使腐蚀区域扩展，加速腐蚀进程。针对已受损的塔壁，需立即执行修复措施，包括对被腐蚀区域进行补焊加固，必要时采用堆焊技术，并随后覆盖一层耐腐蚀性能优异的钢带（例如不锈钢板），以增强防护。在日常操作中，应严格执行工艺规范，确保钝化处理的质量达到高标准。同时，需提升对吸收溶液成分的监测频率，实现溶液组成的及时、准确、有效地监控。此外，需定期清理溶液中的杂质，减少系统内部的污染累积。

（2）液体分布器和液体再分布器损坏

在吸收系统中，液体分布器与再分布器的损伤现象较为普遍，其缘由可归结为多个方面：

①　设计上的考量不足，使得这些部件在高流速液体的持续冲击下，易于遭受腐蚀；

②　材料选择得不适宜，未能有效抵御操作环境中的腐蚀因素；

③　填料与分布器、再分布器之间的摩擦作用，逐渐侵蚀并破坏了其表面的保护层，从而加速了腐蚀过程；

④　频繁的开停车操作、未能妥善控制钝化过程，也会对这些部件造成额外的损害。

一旦发现液体分布器或再分布器受损，应立即启动故障排查机制，找到损坏原因，并迅速着手修复工作。同时，还需制定并实施预防措施，以避免类似问题再次发生。

（3）填料损坏

针对填料塔，填料的材质多样性直接导致了其损坏原因的多元化，具体如下：

①　对于瓷质填料而言，其显著的局限性在于抗压强度不足，易于在受压情况下发生碎裂。此外，也可能因环境因素导致的腐蚀而受损。一旦瓷质填料损坏，将严重阻塞设备与管道，致使整个系统无法维持正常运行。

②　塑料填料耐热性能有限，面对高温环境时易发生变形。变形后的填料层高度降低，孔隙率减少，进而导致流体通过时的阻力显著增加，影响了传质与传热效率，增加了拦液泛塔的风险。

③　普通碳钢填料在耐热与耐压方面表现良好，但其主要挑战来自溶液的腐蚀作用。长期腐蚀会导致填料性能衰退，影响吸收或解吸效果，进而影响溶液的整体吸收性能。此外，腐蚀过程中释放的铁离子与缓蚀剂相互作用，可能形成沉淀物，迅速降低缓蚀剂的有效浓度，进而加速其他设备的腐蚀进程。

④　因不锈钢填料出色的耐腐蚀性与耐久性，其损坏的概率相对较低，在条件允许的情况下最好采用不锈钢填料。

（4）溶液循环泵的腐蚀

吸收系统内溶液循环所依赖的离心泵面临的主要腐蚀威胁源自汽蚀效应。汽蚀效应会导致离心泵叶轮表面形成如蜂窝般的侵蚀坑洞，极端情况下甚至引发叶轮变薄与穿透，同时密封界面及泵壳也会遭受不同程度的腐蚀损伤。汽蚀的触发条件是溶液泵入口处的压力、温度及流量达到汽蚀的临界阈值。因此，严密监控并精准调控溶液的这些关键参数，确保它们远离汽蚀的边界条件，是防范溶液循环泵遭受腐蚀的关键。

（5）塔体振动

吸收塔体出现震颤现象，其根源可能在于系统内气液两相负荷的突发性大幅波动，这种波动经由溶液流量的急剧变化对塔体施加强烈的冲击。此现象在解吸塔中更为常见，因为解吸塔顶部溶液的流量一般比较大。若溶液入口分配设计欠妥，将进一步加剧塔体及其连接管线的振动问题。为有效缓解乃至消除此类塔体振动，可实施下列针对性措施：

① 通过在塔体安装限流孔板，调控两侧溶液的流动速率，尽量保持流量分配均匀。

② 在溶液总管系统中集成减振装置，如采用减振弹簧等组件，以削弱管线内流体流动引发的振动强度，有效预防塔体与管线间可能发生的共振现象。

③ 优化溶液入口布局，调整其入塔角度，旨在减少流体旋转力对塔体结构的不利影响。

④ 严格控制生产过程中的流量波动范围，力求实现操作条件的平稳。

4.4 ▶ 装置联调试车

设备安装时已经进行装置联调试车，实训操作时无须进行，只作为设备大修后老师检查用操作。

装置联调试车也称水试，是用水、空气等介质，代替生产物料所进行的一种模拟生产状态的试车，旨在验证生产装置连续通过物料的性能表现。此时，可通过调节介质的温度（无论是升温还是降温），来观测仪表系统对于流量、温度、压力、液位等关键参数的反馈是否准确，并同步监测设备运行状态是否维持正常。

此操作流程在装置首次启动投产时显得尤为重要，而在常规的实训操作中，可能无须执行全部步骤，或仅依据实际需求灵活执行部分环节。

4.4.1 系统检漏

（1）气相管路

在启动阶段，首先激活风机 C401 与 C402，随后关闭整个系统的液相流通管路阀门。将风机调整至其最大功率输出模式来运行，并细致检查各风机管道的连接部位，包括焊接点、法兰接口以及丝口连接点，采用涂抹肥皂水作为检漏手段，以识别是否存在气体泄漏。若经此检查确认无泄漏现象，则判定系统气密性试验通过，达到合格标准；若发现任何泄漏点，应立即进行标记，待整个系统安全停车后，针对标记位置实施消漏处理。

（2）液相管路

首先关闭气相流通管路的阀门，随后开启液相流通管路的阀门。接下来，将自来水作为测试介质，引入并充满所有待检测的设备与管道内部，直至观察到各设备的放空管有液体溢出为止，确保液相管道内充满液体。随后，对各管路、设备间的连接部位以及焊缝进行仔细检查，若未发现任何渗漏迹象，则视为检测合格。

4.4.2 各单体设备试车

（1）风机试车

分别开启风机Ⅰ与风机Ⅱ，细致监测并记录风机的运行平稳性、风量输出、风压表现以及电机温度上升情况，确保所有指标均处于正常范围内。

（2）贫液泵 P401 试车

首先，向吸收液槽内注入水至其容积的 $1/2\sim2/3$ 之间。随后，确认泵的电气系统连接无误后，调整贫液泵出口管道上的阀门开度。启动贫液泵，调节泵出口的压力与流量，同时观察泵的运行稳定性、实际流量输出及扬程性能是否达标。测试过程中，泵出口的水将通过吸收塔的排污阀门进行排放。

（3）富液泵 P402 试车

向解吸液槽中加水至其容积的 $1/2\sim2/3$。检查并确认泵的电路系统正常后，调整富液泵出口管路上的阀门。启动富液泵，同样进行出口压力与流量的调节，并密切监测泵的运行稳定性、流量输出情况及扬程性能是否符合预期。测试期间，泵排出的水将通过解吸塔的排污阀门流出。

值得注意的是，在整个试车过程中，一旦发现任何异常声响或其他非正常现象，应立即停止设备运行，详细检查并查明原因，待问题彻底解决后方可继续进行测试。

4.4.3　声光报警系统检验

信号报警系统有试灯状态、正常状态、报警状态、消音状态、复原状态，具体如下。

① 试灯状态：在正常状态下，检查灯光回路是否完好（按控制柜面板上的试验按钮 1）。

② 正常状态：设备运行正常，没有灯光或音响信号。

③ 报警状态：当被测工艺参数偏离规定值或运行状态出现异常时，控制柜面板上的闪光报警器 2 发出音响灯光信号，以提醒操作人员。

④ 消音状态：操作人员可以按控制柜面板上的消音按钮 3，从而解除音响信号，保留灯光信号。

⑤ 复原状态：当故障解除后，报警系统恢复到正常状态。

4.5　❯ 吸收-解吸操作实训

本装置有配套的化工仿真软件，可先到机房上机进行仿真操作后，再到化工单元实训基地进行如下实训操作。操作之前，请仔细阅读本操作实训内容，必须穿戴合适的实验服、防护手套和安全帽，服从指挥。

4.5.1　实训准备

（1）操作前准备

① 推选一位成员为组长，组长指挥整个操作过程，组员服从组长和老师的指挥。

② 全员必须穿戴实验服、安全帽和防护手套等防护用具。

③ 熟悉吸收-解吸的基础知识、实训装置的流程图、实训内容及操作步骤和注意事项。

④ 由组长带领组员组成装置检查小组，对本装置所有设备、管道、阀门、仪表、电气系统、照明系统、分析系统、保温系统等按工艺流程图的指引和专业技术标准进行检查。

（2）试电

① 对外部供电系统进行核查，确认控制柜内的全部开关均处于非激活（关闭）状态。

② 打开外部供电系统的主电源开关，为整个系统提供电力。

③ 在控制柜中，将空气开关 33(1QF) 切换至开启位置。

④ 随后，开启空气开关 10(2QF)，并接通仪表开关 8（SA1）。接着，逐一检查所有仪表是否已通电，并观察其指示状态是否准确无误。

⑤ 执行阀门关闭操作，即将各阀门以顺时针方向旋转至完全关闭位置。同时，检查孔板流量计的正压阀与负压阀，确认两者均保持在开启状态（此状态为实训所需，需持续保持）。

（3）加水

① 开启贫液储罐 V403、富液储罐 V404、吸收塔 T401 以及解吸塔 T402 的放空阀门 V14、V28、V12、V45，同时关上这些设备对应的排污阀门 V15、V29、V20、V40。

② 接着，启动贫液储罐 V403 的进水阀门 V13，向其中缓慢注入清水，直至液位达到预定的 15～16cm，随后关闭进水阀门 V13 以停止加水。类似地，对富液储罐 V404 执行相同操作，开启其进水阀门 V27，加入清水至液位同样达到 15～16cm，完成后关闭进水阀门 V27。

（4）开机

① 打开控制柜面板空气开关 33（1QF），打开空气开关 10（2QF）及仪表开关 8（SA1）。

② 打开计算机。

③ 双击桌面上"MCGS 运行环境"图标，进入吸收-解吸操作实训软件界面。

4.5.2 液相开车

（1）贫液泵进料

首先，开启贫液泵的进水阀门 V16；随后，启动贫液泵。接着，打开贫液泵的出口阀门 V19，以便将吸收液顺畅地输送至吸收塔 T401 中。最后，在控制柜的面板上，将贫液泵的旋钮开关 26 旋转至启动位置，此时，作为贫液泵运行状态的指示灯 20 亮起，表明贫液泵已成功通电并处于运行状态。

（2）贫液泵流量控制

单击软件界面中"贫液泵流量控制"，出现"贫液泵出口流量控制"界面，依次采用以下两种模式进行流量控制。

① 先手动模式：点击"设置"按钮，随后在弹出的"输出值范围"窗口中，设定一个输出值，确保此值超过 40%，完成设置后点击"确认"以应用更改。接下来，通过逐步调整，增加贫液泵 P401 的出口流量。开启阀门 V22 和 V23，稳定控制吸收塔扩大段的液位在 1/3～2/3 范围内。

② 再自动模式：当观察到出口流量趋近于 $1m^3/h$ 时，在"贫液泵出口流量控制"的操作界面上，执行"切换"操作，将控制模式由当前状态转变为"自动"模式。随后，在自动模式的特定界面中，找到并点击"设置"按钮，这将打开一个对话框允许设置目标值。在此对话框内，将设定值调整为 $1m^3/h$，完成设置后，通过点击"确认"来保存并应用这一更改。继续稳定维持吸收塔扩大段的液位在容器高度的 1/3～2/3 之间。

（3）富液泵进料

首先，将富液泵 P402 的进水阀门 V30 开启。随后，启动富液泵。紧接着，打开富液泵的出口阀门 V32。在控制柜的面板上，找到并旋转富液泵的旋钮开关 27 至启动位置，此时，富液泵运行状态指示灯 21 亮起，表明富液泵已成功接通电源并处于运行状态。

（4）富液泵流量控制

单击软件界面中"富液泵流量控制"，出现"富液泵出口流量控制"界面，依次采用以下两种模式进行流量控制。

① 先手动模式：单击输出值的"设置"按钮，在"输出值范围"对话框内设置好输出值（输出值大于 40%），然后单击"确认"按钮，调节富液泵输出功率，使富液泵的出口流量接近 $1m^3/h$；全开阀门 V33、V37，控制解吸塔（扩大段）液位在 $1/3 \sim 2/3$ 处。

② 再自动模式：在富液泵出口流量逐渐逼近 $1m^3/h$ 时，于"富液泵出口流量控制"界面，点击"切换"按钮，将其切换至"自动"模式。随后，在"自动"模式所展现的界面上，点击"设置"按钮，这将打开一个对话框用于设定具体数值。在该对话框的"设定值范围"区域内，输入设定值为 $1m^3/h$，之后点击"确认"按钮以保存此设置。与此同时，持续关注并调整解吸塔扩大段的液位，确保它稳定地维持在容器高度的 $1/3 \sim 2/3$ 之间。

（5）测量数据

在自动模式下，对富液泵与贫液泵的出口流量设定值进行调整，旨在使两者的出口流量实测值达到基本一致。同时，密切关注并调整富液储罐 V404 与贫液储罐 V403 的液位，确保它们各自维持在容器高度的 $1/3 \sim 2/3$ 之间，以维持系统的稳定运行。在完成了对液位与流量的调节，确保整个系统达到稳定状态后，通过软件界面上的"采集数据"按钮，执行数据的采集操作。

如果出口流量测量值不准确，以液位稳定为标准：①可先在手动模式下调节输出值大小，保证液位稳定，通过实际测量值，确定液位稳定情况下富液泵 P402、贫液泵 P401 出口流量设定值大小；②然后在自动模式下设定该流量值。

4.5.3　气液联动开车

（1）吸收塔 T401 气液相开车

① 风机启动：稍微打开阀门 V12，在控制柜面板中，打开风机Ⅰ C401 旋钮开关 24，此时风机Ⅰ运行指示灯 18 点亮，表明风机Ⅰ启动。

② 风机流量控制：单击实训软件中的"吸收塔风机流量控制"，在"吸收塔风机出口流量控制"操作界面中，

a. 先手动模式：单击输出值"设置"按钮，在"输出值范围"对话框内设定输出值后单击"确认"按钮；开启风机Ⅰ的出口阀 V01、稳压罐 V402 的出口阀 V08，向吸收塔 T401 供气，逐渐将供气出口流量加大到 $2m^3/h$。

b. 再自动模式：当出口流量在 $2m^3/h$ 左右时，单击"切换"按钮，启动"自动"模式，单击"自动"模式界面中设定值"设置"按钮，在"设定值范围"对话框中，设置"自动"模式下设定值为 $2m^3/h$，然后单击"确认"按钮。

③ CO_2 调节：控制 CO_2 钢瓶（V401）的减压阀（V04），使得压力<0.1MPa，流量为 100L/h。调节吸收塔放空阀 V12，控制塔内压力在 $0 \sim 7.0kPa$。

④ 依据实训选定的操作压力来操作，开启吸收塔 T401 的排液阀 V22、V23、V24、V25，稳定控制吸收塔 T401 液位在可视范围内。

（2）解吸塔 T402 气相开车

① 前提：等待吸收塔 T401 气液相开车，操作稳定后，再进入解吸塔 T402 气相开车的

阶段。

② 风机启动：关闭风机Ⅱ C402 的出口阀 V45，打开解吸塔气体调节阀切断阀 V41、V43，打开阀门 V42；单击软件界面上的"解吸塔气相流量控制"，在"解吸塔进塔气相流量"的手动控制界面中，单击输出值"设置"按钮，在"输出值范围"设置的对话框内设定输出值为 100，然后单击"确认"按钮。

③ 风机流量控制：打开控制柜面板中风机Ⅱ的旋钮开关 25，风机Ⅱ的电源指示灯 19 亮起，表明风机Ⅱ启动，然后缓慢打开风机Ⅱ的出口阀 V45，调控解吸塔进气流量的"测量值"为 $4m^3/h$，同时调控软件界面中"解吸塔顶气相压力"在 $-7.0 \sim 0kPa$，调控并稳定解吸塔 T402 液位，使之在可视范围内。

④ 组分分析：系统稳定 30min 后，使用气相色谱仪进行吸收塔进口气相采样分析、吸收塔出口气相采样分析、解吸塔出口气相组分分析，视气相色谱仪分析结果，进行系统调整，调控吸收塔出口气相产品质量在规定范围内。

⑤ 采集数据：在确认吸收塔与解吸塔出口的气相成分均满足既定要求后，执行软件界面中的"采集数据"操作，并设定数据采集间隔为 $5 \sim 10min$。随后，点击"进入数据表"按钮，在显示的"数据表"内记录所需数据，进而执行相应的数据处理与分析工作。

⑥ 重复操作：根据实训要求，可重复进行几组吸收塔进口气相采样分析、吸收塔出口气相采样分析、解吸塔出口气相组分分析，以便进行对比分析。

4.5.4 液泛实训

① 解吸塔液泛：在系统液相达到稳定运行状态后，通过调整软件操作界面上的"解吸塔气相流量控制"参数，逐步提升风机Ⅱ C402 的气相流量，直至观察到解吸塔体系内发生液泛。

② 吸收塔液泛：在系统液相达到稳定运行状态后，通过调整软件操作界面上的"吸收塔风机流量控制"参数，逐步提升风机Ⅰ C401 的气相流量，直至观察到吸收塔体系内发生液泛。

4.5.5 正常停车操作

（1）CO_2 钢瓶停车

实训活动完成后，首要步骤是封闭 CO_2 钢瓶的出口阀，紧接着，以逆时针方向旋转减压阀的调节手柄，实现减压阀的完全关闭。

（2）贫液泵 P401 停车

① 关闭贫液泵出口阀 V19，单击实训软件界面中"贫液泵流量控制"按钮，显示出"贫液泵出口流量控制"界面；

② 手动模式下，首先点击输出值"设置"按钮，随后在弹出的"输出值范围"窗口中，将目标输出值设定为 0，并确认此设定。之后，手动关闭控制柜面板上的贫液泵 P401 的旋转开关 26，此时，观察到指示贫液泵 P401 运行状态的指示灯 20 熄灭，贫液泵 P401 已成功切断电源并停止运转。

（3）富液泵 P402 停车

关闭富液泵出口阀 V32，点击实训软件界面中的"富液泵流量控制"按钮。在手动模式下，点击输出值的"设置"按钮，在"输出值范围"对话框内，设置输出值为 0，接着点击"确认"按钮，富液泵 P402 会停止转动，然后关闭控制柜面板中富液泵的旋钮开关 27，富液泵的电源指示灯 21 熄灭，富液泵 P402 已断电。

（4）风机 I C401 停车

点击实训软件界面中的"吸收塔风机流量控制"，在"吸收塔风机出口流量控制"手动控制界面中，点击输出值"设定"按钮，在"输出值范围"对话框内，设置输出值为 0，然后点击"确认"按钮。风机 I 停止转动，关掉控制柜面板中风机 I 旋钮开关 24，风机 I 运行指示灯 18 熄灭，风机 I 断电。

（5）风机 II C402 停车

点击实训软件界面中的"解吸塔气相流量控制"，在"解吸塔进塔气相流量"手动控制界面中，点击输出值"设定"按钮，在"输出值范围"对话框内，设置输出值为 0，然后点击"确认"按钮。风机 II 停止转动，关掉控制柜面板中的风机 II 旋钮开关 25，风机 II 电源指示灯 19 熄灭，风机 II 断电。

（6）残液处理

分别打开吸收塔 T401 的排污阀 V20、解吸塔 T402 的排污阀 V40、贫液储罐 V403 的排污阀 V15 和富液储罐 V404 的排污阀 V29，将吸收塔、解吸塔、贫液储罐、富液储罐内的残液排入到污水处理系统内处理。

（7）软件和电源关闭

① 关软件：采集数据完成后，将相关数据记录到指定数据表格，记录完成后，单击实训软件界面中"退出实验"按钮，退出软件，关闭计算机。

② 关仪表：在控制柜面板中，关闭仪表开关 8、报警开关 9、空气开关 10（2QF），最后关闭仪表总电源开关，给各仪表停止供电。

（8）现场整理

① 在完成停车操作后，核查所有设备、阀门以及仪表的情况，确保各项指标均处于正常状态。

② 将现场所有使用过的工具、器具等物品归置到指定的存放区域，随后开展全面的现场清理工作，保持所有设备表面、管道路径的清洁无污。同时，对实训装置的第一层、第二层区域以及控制台周边进行彻底打扫，确保实训环境整洁有序。

4.5.6　安全注意事项

（1）正常操作注意事项

① 强化安全生产管理，调控好吸收塔与解吸塔的液位，严格执行富液储罐的液封操作流程，确保气体无法渗透至贫液储罐与富液储罐中；同时，严密防范任何液体误入风机 I 及风机 II 内部。

② 在确保净化气质量达标的基础上，分析各项相关参数的变化趋势，调整吸收液、解吸液以及解吸空气的流量，以保证吸收效率。

③ 密切关注系统内的吸收液存量，采取定期策略向系统补充新鲜吸收液。

④ 通过即时调控 CO_2 的流量与压力，维持吸收塔进气流量与压力在设定的稳定值范围内。

⑤ 严防吸收液出现跑、冒、滴、漏等现象。

⑥ 加强泵体密封性的检查与维护。同时，密切监视塔、槽的液位以及泵出口压力的变化，避免汽蚀现象。

⑦ 定期对设备运行状态进行全面检查，一旦发现任何异常迹象，应立即采取应对措施或迅速通知指导老师进行专业处理。

⑧ 做好操作巡检工作。

（2）钢瓶使用注意事项

① 在本实训环节中，采用高压 CO_2 钢瓶。操作高压钢瓶时需警惕的主要风险在于其潜在的爆炸与气体泄漏威胁。特别是当钢瓶暴露于直射日光或接近热源时，内部气体因受热膨胀而压力攀升，若压力超过钢瓶的承压极限，便可能引发钢瓶爆炸事故。

② 在进行钢瓶的搬运作业时，务必确保钢瓶上已安装稳固的钢瓶帽及橡胶防护圈，同时采取一切必要措施防止钢瓶跌落或受到外部冲击，以杜绝意外爆炸的可能性。在使用钢瓶时，应确保其被牢固地安装在支架、墙面或实训台附近。

③ 严格禁止在钢瓶表面，特别是其出口处及压力表周边，附着任何油脂或其他易燃性有机物质。同样，不得使用麻布、棉花等易燃材料尝试堵塞漏气点，以免引发火灾。

④ 在操作钢瓶时，确保配备有适配的气压表是至关重要的，且各类气压表应遵循专瓶专用的原则，避免混用。值得注意的是，对于常见的可燃性气体（如 H_2、C_2H_2 等），其钢瓶气门通常设计为反向螺纹；而针对不燃性或助燃性气体（如 N_2、O_2 等），则采用正向螺纹设计。

⑤ 为确保安全，连接钢瓶至系统时必须加装减压阀或高压调节阀，直接让系统与钢瓶相连而未经此类安全部件的做法是极其危险的。

⑥ 在进行钢瓶阀门开启及压力调节操作时，操作人员应站立于钢瓶的侧面，避免站在气体出口的前方或头部位于瓶口上方，以防阀门或气压表被高压气体直接冲出，造成伤害。

⑦ 当钢瓶内压力降至约 0.5MPa 时，建议停止使用。这是因为过低的压力可能导致空气逆流进入钢瓶，从而引入安全隐患。

此外，行为习惯注意事项请参见第 1 章的"行为习惯注意事项"。

4.6 ▶ 吸收-解吸操作障碍排除实训

在正常吸收-解吸操作中，通过不定时改变某些开关、阀门、风机和泵的工作状态来扰动吸收-解吸系统正常的工作状态，这样可模拟出实际吸收-解吸过程中的常见故障。学生可根据现场各参数的变化情况、设备运行异常现象，分析故障原因，找出故障并动手排除故障，以提高学生对工艺流程的认识度和实际动手能力。学生在完成障碍排除后，提交书面报告，详细记录障碍现象、原因分析、解决方案和操作过程，教师根据学生的操作表现和报告内容进行障碍排除考核。

（1）拦液和液泛

在设计特定的吸收系统时，已然全面权衡了规避液泛的关键要素。通常而言，只要依照正常工况开展操作，液泛现象大概率不会出现。然而，当操作负荷（尤其是气体负荷）产生剧烈波动，抑或是溶液出现起泡状况后，气体中夹带的雾沫过多，便会引发拦液，进而可能导致液泛。在实际操作流程中，识别拦液与液泛现象的一种常用策略是密切关注塔体内部的液位变化情况。溶液循环量保持在正常范围时，但塔体液位却异常下降；或者气体流量维持恒定时，可塔内压差却呈现上升态势，这些迹象往往预示着拦液或液泛现象处于初期阶段。有效预防拦液与液泛现象发生的关键在于实施对工艺参数的控制，确保系统操作维持在一个稳定且受控的状态。这要求尽可能减少操作负荷的波动，将工艺变动控制在设备安全运行的容许范围之内。同时，要做到及时发现、准确判断与迅速处理问题，以确保生产活动的顺畅进行。

在正常吸收-解吸操作中，教师给出隐蔽指令，调整风机Ⅱ的出口空气流量。学生则需细致监测解吸塔内诸如浓度水平、流体流量、塔内压差以及液位等关键参数的动态变化，进而深入分析这些变化背后导致系统偏离常态的潜在因素，并据此采取相应措施，将系统平稳恢复至正常运行状态。

（2）溶液起泡

随着操作周期的延长，吸收液在特定表面活性剂的影响下，会逐渐形成一类持久的泡沫体系。这类泡沫与那些短暂存在、迅速消散的非稳定泡沫不同，它能稳定地存在，为气液两相之间提供了更为广阔的接触界面，从而促进了传质速率的提升。然而，由于这种稳定泡沫难以自发破裂，会逐渐在系统内积聚。一旦泡沫量累积至一定程度，便会干扰吸收与解吸过程的效果，极端情况下还可能加剧气体的带液现象，甚至触发液泛，导致整个系统无法维持正常的运行状态。针对溶液起泡的问题，常采取以下处理策略：①引入高效能的机械过滤装置，并结合活性炭过滤技术，以实现对溶液中泡沫、油脂及细微固体颗粒杂质的有效分离与清除。②为抑制泡沫的生成，应选用具备高效消泡能力、对吸收溶液的难溶性，同时展现出卓越化学与热稳定性、无明显积累性副作用的消泡剂。使用时需控制消泡剂的投加量，过量添加可能导致其在溶液中积聚、变质乃至沉淀，反而增加溶液黏度与表面张力，进而转化为发泡剂，生成稳定泡沫，造成恶性循环。因此，应用消泡剂时应遵循因地制宜、择优使用、少用慎用、用除结合原则。③在化学药剂的采购、运输、储存等各个环节实施严格监管，确保药剂品质，有效控制杂质含量。对于新配制的溶液，应给予其足够的静置时间以完成"熟化"过程，待其性质稳定后再引入系统。

在吸收与解吸流程的正常执行过程中，教师以一种隐蔽的方式发出指示，模拟油脂及细微固体颗粒杂质累积，最终使得溶液起泡。学生则需根据系统参数的动态变化，通过深入分析这些变化背后的逻辑，识别导致系统异常的根源，并据此采取适当的应对措施，以确保系统能恢复到正常的操作状态之中。

（3）系统水平衡失调

吸收体系的水平衡状态指的是系统内部的水输入量与输出量保持大致相等，从而维持系统的基本平衡状态。一旦这一平衡被打破，将会导致溶液的浓度偏离理想范围，变得过稀或过浓，这对系统的稳定运行及降低化学药品消耗均产生显著的不利影响。系统进水主要源自原料气携带的水分，当原料气在一定温度下进入吸收塔时，其携带的水汽也随之进入系统。而系统内的水分释放则主要发生在气液分离阶段，部分水分随气体排出，同时吸收-解吸系统中可能存在的泄漏（如跑、冒、滴、漏现象）也是系统出水的途径之一。大部分原料气带入的水在吸收塔内会凝结并融入溶液中，随后这些溶液进入解吸塔解吸，在溶液解吸过程中，塔顶会有一部分水分被排出系统外。为了有效调整并维持系统的水平衡，关键在于严格遵守操作规程。同时，需精准控制操作条件，预防液泛、溢流等不利状况的发生，从而避免系统水平衡的失衡。

在吸收与解吸流程的正常执行过程中，教师以一种隐蔽的方式发出指示，模拟吸收-解吸系统中可能存在泄漏（如跑、冒、滴、漏现象），最终使得系统水平衡失调。学生则需根据系统参数的动态变化，通过深入分析这些变化背后的逻辑，识别导致系统异常的根源，并据此采取适当的应对措施，以确保系统能恢复到其正常的操作状态之中。

（4）塔阻力（塔压差）升高

在正常运作的情境下，吸收塔的阻力展现出一定的稳定性，其波动范围局限于一细微区间。然而，若遇溶液发生起泡现象、填料层受损破碎、填料遭受腐蚀及机械杂质或污物累积导致的堵塞等情况，溶液的顺畅流通受到阻碍，进而引发塔阻力的异常升高，对吸收塔的操作非常不利。针对塔阻力升高的不同成因，需采取针对性的解决方案。对于已知的解决方案，如溶液起泡的处理方法，此处不再赘述。而对于填料层破裂或机械杂质积聚所致堵塞问题，一种有效的应对策略是适时降低系统负荷，并通过调整操作参数来维持生产。在极端情况下，可能需停车以进行彻底的清理工作，并考虑更换为抗腐蚀性能更优的优质填料。

在吸收与解吸流程的正常执行过程中，教师以一种隐蔽的方式发出指示，模拟污物累积导致堵塞，最终使得塔阻力升高。学生则需根据系统参数的动态变化，通过深入分析这些变化背后的逻辑，识别导致系统异常的根源，并据此采取适当的应对措施，以确保系统能恢复到正常的操作状态之中。

（5）进吸收塔混合气中 CO_2 浓度波动大

在吸收-解吸操作过程中，原料气来源与组成变化以及吸收塔温度波动、压力不稳定、吸收剂流量波动都会导致进吸收塔混合气中 CO_2 浓度波动大。在吸收-解吸流程的正常执行过程中，教师以一种隐蔽的方式发出指示，调整吸收质中的空气流量。学生则需紧密跟踪浓度、流量以及液位等多个关键参数的动态变化，通过深入分析这些变化背后的逻辑，识别导致系统异常的根源，并据此采取适当的应对措施，以确保系统能恢复到正常的操作状态之中。

（6）吸收塔压力保不住（无压力）

在吸收-解吸操作过程中，放空阀或压缩机等设备故障、塔体或管道泄漏以及吸收塔温度过低等均会导致吸收塔压力保不住（无压力）。在吸收与解吸过程的常规运行中，教师以一种隐蔽的方式下达指令，调整吸收塔放空阀的运行模式。学生则需细致监测浓度、流量、液位等一系列关键参数的波动情况，利用这些实时数据深入分析系统异常的缘由，随后采取针对性的纠正措施，以确保系统能恢复到正常的操作状态之中。

（7）吸收塔液相出口量减少

在吸收-解吸操作过程中，吸收剂的流量不足、吸收塔温度过高、吸收塔本体或连接管道出现泄漏等均会导致吸收塔液相出口量减少。在吸收与解吸流程的常规执行期间，教师以隐蔽的方式下达指示，要求调整贫液泵所输送吸收剂的流量。学生则密切监控吸收塔内浓度、流量以及液位等关键参数的变化趋势，利用这些参数的波动来分析导致系统出现异常的具体原因，并据此采取相应的措施进行干预，以恢复并维持系统于正常的操作状态之中。

（8）富液储罐液位抽空

在吸收-解吸操作过程中，富液泵的出口流量过大、吸收塔或解吸塔压力调节不当等均会导致富液储罐液位抽空。在吸收与解吸过程的常规运作中，教师以一种隐蔽的方式传达指令，要求调整贫液储罐放空阀的当前工作状态。学生则需紧密关注解吸塔内浓度、流量及液位等关键参数的变动情况，利用这些参数的实时反馈来深入分析系统偏离正常状态的缘由，并据此迅速制定并执行相应的解决方案，以确保系统能够顺利且稳定地恢复到正常的运行状态。

4.7 ▶ 实训数据记录

实训数据记录表见表 4-9。

表 4-9 吸收-解吸操作实训数据记录表

序号	时间	吸收塔进塔气相温度/℃	吸收塔进塔液相温度/℃	吸收塔出塔气相温度/℃	富液泵出口温度/℃	解吸塔出塔液相温度/℃	解吸塔进塔液相温度/℃	吸收塔底气相压力/kPa	吸收塔顶气相压力/kPa	解吸塔底气相压力/kPa	解吸塔顶气相压力/kPa	风机 I 出口流量/(m³/h)	解吸塔进塔气相流量/(m³/h)	贫液泵出口流量/(m³/h)	富液泵出口流量/(m³/h)
1															
2															
3															
4															
5															
6															
7															
8															
9															

（1）操作记录

（2）异常情况记录及处理

（3）障碍排除型操作

思考题

（1）吸收塔填料一般包括哪几种？实训装置填料是哪一种？各有什么特点？填料的作用是什么？

（2）影响吸收-解吸效果的主要因素包括哪些？

（3）为什么水吸收 CO_2 的过程属于液膜控制？提高其吸收速率的有效措施是什么？

（4）CO_2 储气瓶在实训操作过程中的使用注意事项有哪些？

（5）吸收塔、解吸塔实训过程中主要注意事项包括哪些？

（6）吸收实训操作过程中其他条件不变，吸收剂流量加大，出口气相浓度、出口液相浓度、吸收率有什么变化？

（7）吸收岗位的操作是在高压、低温的条件下进行的，为什么说这样的操作条件对吸收过程的进行有利？

（8）吸收-解吸操作实训过程中为什么在吸收塔、解吸塔的塔底有液封？

（9）在何种情况下吸收-解吸操作实训过程采用常压、减压（真空）、加压操作？

（10）吸收-解吸操作实训过程中对于贫液储罐、富液储罐液位控制有何具体要求？为什么？

（11）吸收-解吸操作实训过程中防止吸收液进入气路的措施包括什么？

（12）吸收-解吸操作实训过程中测定 CO_2 浓度用气相色谱或 CO_2 在线分析仪，其注意事项主要包括什么？

第5章
传热操作及障碍排除实训

 导读

2024 年，在巴黎奥运会期间，为了最大限度地减少碳足迹并提升能源利用效率，巴黎奥林匹克水上运动中心采用了 Equinix PA10 数据中心的余热来为泳池供热，最大限度地减少碳足迹。Equinix PA10 是 Equinix 公司在巴黎开设的第 10 个数据中心，该数据中心经常高温运行，每年产生高达 10000MW·h 的热量，这些回收的热量被热泵系统加热后，通过热交换器将热量传递给水。这些热水随后被输送到巴黎奥林匹克水上运动中心，用于维持泳池的水温。这一过程中，热传导和热对流是热交换器中主要的传热方式，确保了热量从数据中心高效地传递到泳池水中。

5.1 ▶ 实训背景

传热是自然界及工程技术领域极为常见的一种能量交换现象。热力学第二定律强调：无论是气态、液态还是固态物质，只要存在温度梯度，热量便会自然而然地由高温区域流向低温区域，这一过程被定义为热量传递过程，简称传热。换热器则是专为实现冷、热流体间热量交换而设计的设备。

在工程技术领域内，传热的应用极为普遍，涉及化工、能源开发、金属冶炼、机械制造、建筑设计等多个行业。特别是在化学工程领域，传热扮演着至关重要的角色。无论是生产中的化学过程（即单元反应），还是物理过程（即单元操作），都不可避免地伴随着传热。简而言之，传热在化工生产过程中的应用涵盖了以下多个方面：

① 为了促使化学反应顺利进行，需要特定的温度条件。以合成氨为例，其理想操作温度范围设定在 470~520℃之间。为了实现要求的温度条件，化学反应过程中往往并行实施加热或冷却措施，以确保反应按预期进行。

② 为单元操作创造必要的条件。在诸如蒸发、结晶、蒸馏、解吸及干燥等单元操作中，热量的输入与输出成为必要条件。以蒸馏为例，通过向塔底引入加热蒸汽提升塔釜液体的温度，而塔顶蒸汽则经冷凝器处理，利用冷凝水将其转化为液态。

③ 化工生产中，提升热能的综合利用效率是节能减排的关键一环。鉴于多数化学反应伴随放热现象，有效利用这些余热成为降低能耗的有效途径。以合成氨为例，面对其高温反应过程中产生的大量余热，安装余热锅炉等设施可生产蒸汽，甚至能将其进一步转化为电能。

④ 隔热与节能。为了遏制热量（或冷量）的无谓散失，确保工艺条件的稳定性，同时

降低生产成本并优化工作环境，对化工设备与管道实施隔热处理显得尤为重要，这通常需要在设备或管道的外层覆盖一层或多层高性能隔热材料。

在当今化工厂的设备投入构成中，传热设备占据了很大的比例。据统计，对于常规的石油化工企业而言，传热设备相关的支出往往高达总投资的 30%～40%。鉴于当前社会对节能减排的强烈倡导，深入研究传热技术及其设备的优化具有重大的现实意义。

本实训装置围绕"水-冷空气、冷空气-热空气、冷空气-蒸汽"三大核心体系构建，挑选了列管式、板式及套管式三种各具特色的换热器类型，并紧密融合高等教育实训教学的核心需求与标准设计而成。

5.2 ▶ 实训目的

① 能够精确辨识并绘制出传热实训过程中的工艺流程图。

② 理解并掌握列管式、套管式及板式换热器的构造原理、操作流程及控制方法。

③ 理解传热系统流程布局，明确各传感器检测点的位置及功能，同时熟悉各类显示仪表在监控过程中的作用。

④ 理解逆流与顺流两种流动方式对换热效率产生的不同影响。

⑤ 熟练掌握从正常启动、稳定操作到安全停车的操作流程，确保能够按照既定要求调整至目标工艺参数。

⑥ 具备实时监控设备运行状态的能力，能够迅速识别、准确评估并有效应对各类异常情况，同时掌握紧急停车操作的规范与技巧。

⑦ 熟悉传热实训中常见异常现象的识别与应对策略。

⑧ 精通实训前的准备工作及实训结束后的收尾处理流程。

⑨ 通过模拟真实生产环境的巡检活动，锻炼学生的观察力、分析力及故障排查与解决能力。

⑩ 在实训环节中强化团队协作，培养学生在团队中的责任感、协作精神及严谨细致的工作态度。

5.3 ▶ 传热操作实训装置简介

5.3.1 装置结构

本实训的传热操作工艺流程图和传热装置现场图分别如图 5-1 和图 5-2 所示。

该装置主要由套管式换热器（E601）、板式换热器（E602）、列管式换热器（E603）、水冷却器（E604）、热风加热器（E605）、蒸汽发生器（R601）、鼓风机（C601、C602）等设备组成，如图 5-1 所示，该装置通过合理配置多类型换热器与辅助设备，构建了完整的传热研究平台，各设备进出口均配备温度传感器与流量计，通过现场控制柜实现热力学参数的实时监测与数据采集，可开展列管式换热器逆流与并流换热操作、套管式换热器换热操作等多个实训项目。

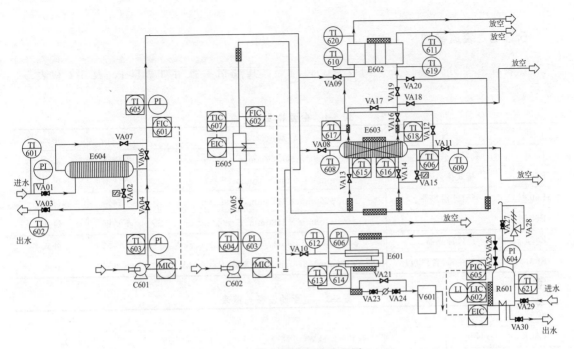

图 5-1 传热操作工艺流程图

图 5-2 传热装置现场图

5.3.2 装置参数

该装置主要分为静设备、动设备、阀门等，其规格参数等如表 5-1、表 5-2 和表 5-3 所示。

表 5-1　主要静设备一览表

位号	名称	规格型号	材质	形式
E601	套管式换热器	$\phi 500mm \times 1250mm, F = 0.2m^2$	不锈钢	卧式
E602	板式换热器	$550mm \times 150mm \times 250mm, F = 1.0m^2$	不锈钢	卧式
E603	列管式换热器	$\phi 260mm \times 1170mm, F = 1.0m^2$	不锈钢	卧式
E604	水冷却器	$\phi 108mm \times 1180mm, F = 0.3m^2$	不锈钢	卧式
E605	热风加热器	$\phi 190mm \times 1120mm,$ 加热功率 $P = 4.5kW$	不锈钢	卧式
R601	蒸汽发生器(含汽包)	$\phi 426mm \times 870mm,$ 加热功率 $P = 7.5kW$	不锈钢	立式

表 5-2　主要动设备一览表

位号	名称	规格型号	数量
C601	冷风机	风机功率 $P = 1.1kW$，流量 $Q_{max} = 180m^3/h, U = 380V$	1
C602	热风机	风机功率 $P = 1.1kW$，流量 $Q_{max} = 180m^3/h, U = 380V$	1

表 5-3　主要阀门一览表

序号	位号	名称	序号	位号	名称
1	VA01	水冷却器进水阀	16	VA16	列管式换热器热风出口阀(并流)
2	VA02	水冷却器出水阀故障阀板	17	VA17	列管式换热器热风出口阀(逆流)
3	VA03	水冷却器出水阀	18	VA18	列管式换热器热风出口阀(并流)(列管式与板式并联)
4	VA04	冷风机出口阀	19	VA19	列管式换热器热风出口阀(列管式与板式串联)
5	VA05	热风机出口阀	20	VA20	板式换热器热风进口阀
6	VA06	水冷却器空气出口旁路阀	21	VA21	套管式换热器蒸汽疏水旁路阀
7	VA07	水冷却器空气出口阀	22	VA22	套管式换热器排气阀
8	VA08	列管式换热器冷风进口阀	23	VA23	套管式换热器蒸汽疏水阀
9	VA09	板式换热器冷风进口阀	24	VA24	套管式换热器排液阀
10	VA10	套管式换热器冷风进口阀	25	VA25	蒸汽出口阀
11	VA11	列管式换热器冷风出口阀	26	VA26	蒸汽出口阀
12	VA12	列管式换热器冷风出口阀(列管式与板式串联)	27	VA27	蒸汽发生器放空阀
13	VA13	列管式换热器热风进口阀(并流)	28	VA28	蒸汽发生器安全阀
14	VA14	列管式换热器热风进口阀(逆流)	29	VA29	蒸汽发生器进水阀
15	VA15	列管式换热器热风进口阀(逆流)故障阀	30	VA30	蒸汽发生器排污阀

5.3.3　装置流程

本装置中有四种工作介质，每种介质对应一种流程，它们在传热这一基本目标上是一致的，但在具体的操作方式和设备运行条件上有所区别，由于水作为介质在化工生产中比较常见，就不做详细介绍，本章主要介绍介质 A、B 及 D 所对应的流程，具体如表 5-4 所示。

表 5-4　工作介质情况表

工作介质	作用	来源
介质 A	冷介质	空气经增压气泵(冷风机)C601 送到水冷却器 E604，调节空气温度至常温
介质 B	热介质	空气经增压气泵(热风机)C602 送到热风加热器 E605，经加热器加热至 70℃
介质 C	水	来自外管网的自来水
介质 D	水蒸气	水经过蒸汽发生器 R601 汽化，产生压力≤0.2MPa 的饱和水蒸气

（1）介质 A 流程

源自冷风机 C601 的冷却风，首先通过水冷却器 E604 及其旁路温度调控系统，随后分流为四条路径：

① 一股直接流向列管式换热器 E603 的壳程，与热风进行热交换后放空；

② 一股则进入板式换热器 E602，同样与热风完成热交换后放空；

③ 第三股流经套管式换热器 E601 的内管，与水蒸气实现热交换后放空；

④ 最后一股先穿越列管式换热器 E603 的管程，随后转入板式换热器 E602，与热风进行热交换后放空。

（2）介质 B 流程

热风机 C602 输出的热风，经热风加热器 E605 进行升温处理，随后分为三大流向：

① 一股直接进入列管式换热器 E603 的壳程，与冷风进行热交换，随后放空；

② 一股则流向板式换热器 E602，与冷风完成热交换后放空；

③ 最后一股热风首先通过列管式换热器 E603 的壳程进行初步热交换，随后转至板式换热器 E602 进行深度热交换，最终放空；初步热交换过程中，热风与冷风的流动方向可配置为并流或逆流，以适应不同换热需求。

（3）介质 D 流程

蒸汽发生器 R601 产生的蒸汽，进入套管式换热器 E601 的外管，与内管中流动的冷风进行热交换，完成热交换任务后，蒸汽被放空。

上述三个流程中工作介质以及介质流向不同，但目的相同，最终都能完成传热操作实训。

5.3.4　装置配套岗位操作技能

本装置是以“水-冷空气、冷空气-热空气、冷空气-蒸汽”为体系，选用列管式换热器、板式换热器、套管式换热器等三种形式的换热器，结合教学大纲要求设计而成的。

① 热交换系统岗位技能：涵盖冷空气与热空气间的热交换操作，冷热风的风机的启动与停止控制，水冷却器的操作管理，以及热风加热器、冷空气与蒸汽间的热交换体系、疏水

阀的调控。

② 换热器岗位技能：包括套管式、列管式及板式换热器的具体操作技能。

③ 换热流程岗位技能：掌握换热器内部逆流与并流操作，不同换热器间串联与并联配置下的操作流程，以及各个热交换系统间逆流与并流操作。

④ 现场工业控制技能：精通各类风机的变频调节与手动阀门调整技术，热风加热器温度的测量与控制，蒸汽输送压力的实时监测与调控，以及换热器总传热系数的测定。

⑤ 化工仪表岗位技能：熟练使用孔板流量计、变频器、差压变送器、热电阻、无纸记录仪、声光报警器、调压模块及多种就地弹簧指针表等仪表设备，能够设计并实施单回路、串级控制等控制方案。

⑥ 就地及远程控制岗位技能：实现现场控制台仪表与计算机系统的有效通信，进行实时数据收集与过程监控；掌握总控室 DCS 系统与现场控制台之间的通信，操作工段间的灵活切换、远程监控。

各个岗位技能相互配合，共同构成完整的传热操作体系，其中就地及远程控制岗位技能能够培养学生掌控全局和了解各个模块工作情况的能力。

5.3.5　装置工艺操作指标及控制方案

（1）装置的工艺操作指标

在化工生产中，各工艺参数的调控是不可或缺的。其中部分关键工艺参数直接关乎产品的产量与品质，扮演着决定性角色。而另一些工艺参数，虽不直接影响产品的最终数量与质量标准，但保持其平稳却是确保生产过程得到有效控制的基石。以蒸汽发生器为例，其压力的稳定控制对于优化套管式换热器的换热效能至关重要。

为顺应实训教学的实践需求，实现上述工艺参数的调控，可采取两种策略：一是依赖人工手动操作，二是引入自动化控制系统。后者通过集成自动化仪表及一系列控制设备，替代了传统上由人工完成的监测、评估、决策与执行过程。工艺操作指标见表 5-5。

表 5-5　工艺操作指标

操作单元	操作指标
压力控制	蒸汽发生器内压力：0～0.1MPa
	套管式换热器内压力：0～0.05MPa
温度控制	热风加热器出口热风温度：0～80℃，高位报警：$H=100℃$
	水冷却器出口冷风温度：0～30℃
	列管式换热器冷风出口温度：40～50℃，高位报警：$H=70℃$
流量控制	冷风流量：15～60m³/h
	热风流量：15～60m³/h
液位控制	蒸汽发生器液位：200～500mm，低位报警：$L=200mm$

（2）装置主要控制点的控制方案

在分布式控制系统（DCS）的架构下，利用比例-积分-微分（PID）控制器对气动阀、电动阀及电磁阀等自动化阀门进行开关与调节动作的控制。PID控制器提供了灵活的操作模式切换功能。

① ［AUT］模式，即自动化控制模式，该模式下系统依据预设算法自动调整阀门状态，无须人工直接干预。

② ［MAN］模式，即手动控制模式，允许操作员手动调整阀门的开闭程度。

③ ［CAS］模式，即串级控制模式，此模式下两个调节器串联运行，其中一个调节器的输出值作为另一个调节器的目标设定值。

PID 控制器工作流程概述如下。

① 实际测量值［PV］：由安装在系统关键点的传感器实时捕获并反馈给控制系统。

② 设定值［SP］：由系统或操作员预先设定的期望过程变量值，在［AUT］模式下，PID 控制器会根据［SP］与［PV］之间的偏差自动计算并调整阀门的开度（即输出值），以减小偏差直至达到或接近零。

③ 输出值［OP］：在［MAN］模式下，操作员可手动输入 0 至 100 范围内的一个数值，直接控制阀门的开度，允许［MAN］模式下精确调节以满足特定操作需求。

热风机出口流量控制流程图如图 5-3 所示。

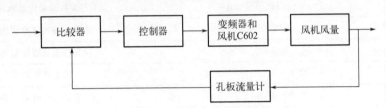

图 5-3　热风机出口流量控制流程图

蒸汽发生器内压力控制流程图如图 5-4 所示。

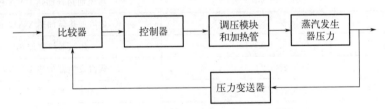

图 5-4　蒸汽发生器内压力控制流程图

热风出口温度控制流程图如图 5-5 所示。

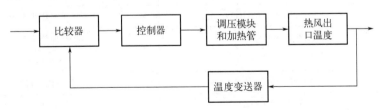

图 5-5　热风出口温度控制流程图

手动控制水冷却器出口冷风温度流程图如图 5-6 所示。

（3）现场控制柜面板

控制柜面板一览表如表 5-6 所示，记录仪组态如表 5-7 和表 5-8 所示。其中，C3000 仪表调节仪组态的出厂前参数已设定好，无须进行重新设定。

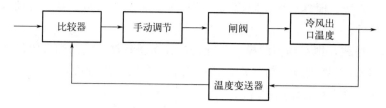

图 5-6　手动控制水冷却器出口冷风温度流程图

表 5-6　控制柜面板一览表

序号	名称	功能
1	试验按钮	检查声光报警系统是否完好
2	闪光报警器	发出报警信号，提醒操作人员
3	消音按钮	消除警报声音
4	C3000 仪表调节仪(1A)	工艺参数的远传显示、操作
5	C3000 仪表调节仪(2A)	工艺参数的远传显示、操作
6	标签框	注释仪表通道控制内容
7	标签框	注释仪表通道控制内容
8	仪表开关(SA1)	仪表电源开关
9	报警开关(SA2)	报警系统电源开关
10	空气开关(2QF)	装置仪表电源总开关
11	电脑安装架	
12	电压表(PV101)	热风加热器加热 UVA 相电压
13	电压表(PV102)	热风加热器加热 VAW 相电压
14	电流表(PA101)	热风加热器加热电流
15	电压表(PV103)	蒸汽发生器加热 UVA 相电压
16	电压表(PV104)	蒸汽发生器加热 VAW 相电压
17	电流表(PA102)	蒸汽发生器加热电流
20	电源指示灯(1HG)	冷风机运行状态指示
21	电源指示灯(2HG)	热风机运行状态指示
22	电源指示灯(3HG)	热风加热状态指示
23	电源指示灯(4HG)	蒸汽加热状态指示
26	旋钮开关(1SA)	冷风机运行开关
27	旋钮开关(2SA)	热风机运行开关
28	旋钮开关(3SA)	热风加热运行开关
29	旋钮开关(4SA)	蒸汽加热运行开关
30	黄色指示灯	空气开关通电状态指示
31	绿色指示灯	空气开关通电状态指示
32	红色指示灯	空气开关通电状态指示
33	空气开关(1QF)	电源总开关

表 5-7　C3000 仪表（A）组态一览表

输入通道

通道序号	通道显示	位号	单位	信号流量	量程
第一通道	冷风机出口温度	TI603	℃	4~20mA	0~100
第二通道	热风机出口温度	TI604	℃	4~20mA	0~100
第三通道	水冷却器出口冷空气温度	TI605	℃	4~20mA	0~100
第四通道	热风加热器出口热空气温度	TIC607	℃	4~20mA	0~150
第五通道	列管式换热器出口冷空气温度	TI609	℃	4~20mA	0~100
第六通道	套管式换热器出口冷空气温度	TI614	℃	4~20mA	0~100
第七通道	列管式换热器并流进口热空气温度	TI615	℃	4~20mA	0~150
第八通道	列管式换热器逆流进口热空气温度	TI616	℃	4~20mA	0~150

输出通道

通道序号	通道显示	位号	单位	信号流量	量程
第一通道	热风加热器出口温度	TIC607	℃	4~20mA	0~150

报警通道

通道序号	通道显示	报警值	开关量通道
第五通道	列管式换热器出口冷空气温度高报	100	R01

表 5-8　C3000 仪表（B）组态一览表

输入通道

通道序号	通道显示	位号	单位	信号流量	量程
第一通道	列管式换热器逆流出口热空气温度	TI617	℃	4~20mA	0~100
第二通道	列管式换热器并流出口热空气温度	TI618	℃	4~20mA	0~150
第三通道	蒸汽发生器温度	TI621	℃	4~20mA	0~150
第四通道	蒸汽发生器压力	PIC605	MPa	4~20mA	0~0.35
第五通道	冷风机出口流量	FIC601	m³/h	4~20mA	0~100
第六通道	热风机出口流量	FIC602	m³/h	4~20mA	0~100
第七通道	蒸汽发生器液位	LIC602	mm	4~20mA	0~5

输出通道

通道序号	通道显示	位号	单位	信号流量	量程
第一通道	蒸汽发生器压力控制	PIC605	MPa	4~20mA	0~0.35
第二通道	冷风机流量	FIC601	m³/h	4~20mA	0~100
第三通道	热风机流量	FIC602	m³/h	4~20mA	0~100

报警通道

通道序号	通道显示	报警值	开关量通道
第七通道	蒸汽发生器液位低报	400	R02

5.4 ▶ 装置联调试车与安全检验

设备安装时已经进行装置联调试车，实训操作无须进行。其只作为设备大修后老师检查用操作。

装置联调试车也称水试，是运用水、空气等替代实际生产原料，模拟生产过程环境进行的一次试运行。其目的在于验证生产装置在连续物料流通过程中的性能表现。在此过程中，允许对所选介质实施温度调控，包括加热与冷却，以此检验仪表系统对流量、温度、压力、液位等参数的监测准确性，并同步观察设备运行状态是否正常。

此环节在装置首次启动调试阶段尤为重要，作为确保系统性能与稳定性的关键环节。而在日常的实训或操作练习中，可能无须全面执行，或依据实训需求，有选择性地执行部分步骤。

5.4.1 系统水压试验、气密性试验

（1）套管式换热器 E601 和蒸汽发生器 R601 系统进行水压试验、气密性试验。

① 首先开启蒸汽发生器 R601 进水阀 VA29，并同步开启放空阀 VA27。随后，激活蒸汽出口阀 VA25 及 VA26，关闭该蒸汽发生器及套管式换热器的其他所有阀门。

② 将自来水接入蒸汽发生器的进水接口，注意调节进水速率至缓慢状态。待蒸汽发生器与套管式换热器内部均被水完全充盈后，关闭放空阀 VA27。此时，系统内压力将自然上升至约 0.2MPa，并维持此压力状态 10min，其间细致检查所有设备接口、管道连接点，若未观测到任何泄漏迹象且系统压力保持稳定，则视为试验合格。

③ 若在系统压力测试或气密性验证过程中发现泄漏点，应立即在该位置做出明确标记，待系统完全卸压后，再针对标记处进行细致的检查与维修工作。完成压力测试阶段后，需开启蒸汽发生器排污阀 VA30，以及套管式换热器蒸汽疏水旁路阀 VA21，以有效排出系统内残留的水分。

（2）板式换热器、列管式换热器及风机系统气密性试验

开启冷却与加热风机系统，并将两者均调整至其最大输出功率模式运行。随后，遵循既定的热交换流程路径，依次执行以下操作：首先，独立运行列管式换热器；接着，单独测试板式换热器；之后，探索并测试列管式与板式换热器之间的并联连接流程；最后，验证两者的串联连接模式。在每一步操作中，均需采用涂抹肥皂水于各设备接口及管路连接点的方法，细致检查是否存在泄漏现象。若整个检查过程中未发现任何泄漏，则本次试验视为成功通过；反之，一旦发现泄漏点，应立即在该位置做出明确标记，待整个系统安全停止运行后，再针对标记处实施泄漏修复处理。

5.4.2 进行各单体设备试车

系统开车前应对各动力设备、电加热设备进行单体试车。

（1）风机试车

依次启动冷却与加热用风机，密切关注其运行平稳性、出口风量变化、风压波动状况，以及电机温度是否维持在正常范围内。

（2）蒸汽发生器电加热器试车

向蒸汽发生器内注入适量自来水，水位应介于容器液位 1/3～2/3。随后，启动电加热模块，并调整加热功率至适宜水平，确保蒸汽压力稳定维持在 0.07～0.1MPa 之间。同时，进行蒸汽输出压力调控实训（设定在 0.05～0.07MPa 范围内），并实施蒸汽发生器液位低位预警功能测试。观察并记录整个过程的运行状态，若一切正常，则终止加热过程并彻底排空系统内的水分。

（3）热风加热器试运转

首先，启动热风机，并调节其出口风量至 15～60m³/h 之间。随后，逐步调整热风加热器的加热功率，以控制加热器出口热风温度在 80～100℃ 的预设区间内。在此过程中，持续监测其运行状况，正常则停止加热。待加热器出口热风温度降至 50℃ 以下时，安全关闭热风机。

5.4.3 声光报警系统检验

信号警示体系包含五种模式：试灯模式、正常模式、报警模式、消音模式与复原模式。

① 试灯模式：在系统处于正常工作状态时，通过操作控制柜面板上的按钮 1，验证指示灯光回路的完好性。

② 正常模式：此模式下，设备运作平稳，无须发出任何视觉或听觉信号。

③ 报警模式：一旦监测到工艺参数偏离预设的安全范围或设备运行状态发生异常，系统将自动激活位于控制柜面板上的闪光报警器 2，以提醒操作人员注意。

④ 消音模式：操作员可手动按下控制柜面板上的消音按钮 3，以消除持续的声音报警信号，而保持灯光报警信号继续显示，便于持续监控。

⑤ 复原模式：在故障得到妥善处理后，报警系统会自动重置，回归至正常状态。

5.5 ▶ 传热操作实训

本装置有配套的化工仿真软件，可先到机房上机进行仿真操作后，再到化工单元实训基地进行实训操作。操作之前，请仔细阅读本传热操作实训内容，必须穿戴合适的实验服、防护手套和安全帽，服从指挥。

5.5.1 实训准备

（1）操作前准备

① 选定一位团队成员担任组长，负责统筹整个操作流程的指挥工作，而团队其他成员则需遵循组长及指导老师的指导与安排。

② 所有参与人员必须严格穿戴齐全的实训防护装备，包括实验服、安全帽及防护手套等。

③ 深入了解传热学的基础理论知识，熟悉传热实训装置的工艺流程图，明确实训的具体内容、操作步骤以及各环节中需注意的安全与操作事项。

④ 组建由组长领导的装置检查专项小组，依据工艺流程图和专业技术要求，对实训装置进行全面细致的检查，检查范围包括设备、管道系统、阀门组件、仪表仪器、电气系统、

照明设施、分析设备以及保温隔热层等方面。

（2）开机

① 开启控制柜面板总电源，开启仪表电源开关。

② 开启计算机电源开关，打开计算机。

③ 点击桌面上"MCGS 运行环境"图标，进入传热实训软件界面。

（3）热风机 C602 启动

① 开启控制柜面板上的热风机旋钮开关 27，此时，对应的热风风机电源指示灯 21 绿灯亮起，标志着热风机 C602 已成功接通电源并准备运行。

② 在软件操作界面中，点击"热空气流量控制"选项，随后会弹出"热空气出口流量控制"的操作窗口。操作方法有手动调控模式、自动调控模式等，具体如下：

手动调控模式：在手动操作模式下，首先点击"输出值设置"按钮，随后在显示的"输出值范围"内，手动输入 50％作为目标输出值（此值代表流量控制阀的开合程度约为一半）。确认无误后，点击"确定"按钮，确保实际测量到的热空气流量不低于 $30m^3/h$。经过大约 5min 的稳定过程，热空气流量达到并维持在稳定状态。

自动调控模式：若选择自动模式，需点击"设定值设置"按钮，在随后弹出的"设定值范围"对话框中，输入一个不小于 $30m^3/h$ 的设定值。完成输入后，点击"确定"按钮，系统将自动调整热空气流量逐渐趋近于设定值。

③ 开启热风机 C602 的出口阀 VA05，同时，对列管式换热器 E603 执行操作，开启其热风进口阀 VA13、热风出口阀 VA16 以及放空阀 VA27。

④ 在控制柜面板上，开启热风加热系统的启动开关 28，此时，对应的电源状态指示灯 22 绿灯将亮起，标志着热风加热器 E605 已成功接通电源。

⑤ 在软件操作界面上，点击"热空气温度控制"选项，随后会弹出"热风加热器出口温度控制"操作窗口。在手动操作模式下，点击"输出值设置"按钮，随后在"输出值范围"中输入大约 50％的预设输出值（此值等同于设定加热功率为 50％的水平）。确认无误后，点击"确定"应用设置，随后观察等待温度逐渐上升至实训值 70～90℃区间。利用软件界面中的"切换"功能按钮，将当前控制模式从手动切换至自动。接着，点击"设置"按钮，在随后出现的"设定值范围"输入区域内，输入 80℃（此操作意味着系统根据预设温度与实时测量值之间的差异，自动调节输出值）。完成输入后，点击"确认"按钮，使系统能够自动将温度维持在接近 80℃的实训设定值附近。

注意事项：当热风机出口流量 FIC602 显示的数值低于或等于 20％时，应禁止启动热风加热器。而且，在风机运行过程中，建议将其尽量调至最大功率状态运行。

（4）蒸汽发生器 R601 启动

① 开启控制柜面板中蒸汽加热运行开关 29，蒸汽加热电源指示灯 23 绿灯亮起，蒸汽发生器 R601 接通电源。

② 点击软件界面中"蒸汽压力控制"，出现"蒸汽发生器蒸汽压力控制"窗口。在手动控制模式下，首先点击"输出值设置"按钮，随后在弹出的"输出值范围"窗口中，设置输出值为 50％。完成设置后，点击"确认"以应用此设置，此时测量值压力将逐渐且平稳地上升至实训值（30～35kPa）。接着点击软件界面上的"切换"按钮，将操作模式从手动转换为自动。最后，点击"设定值设置"按钮，进入"设定值范围"界面，并在此输入实训所要求的压力值 30kPa。确认无误后，点击"确定"按钮，系统将测量值压力自动稳定在设定

值附近。

注意事项：在使用蒸汽发生器 R601 时，必须密切关注其液位 LIC602 的状态。当液位低于或等于容器总液位的 1/3 时，出于安全考虑，应严禁启动蒸汽发生器的电加热装置，以防止发生干烧等危险情况。

5.5.2　列管式换热器操作实训

（1）并流操作

① 预热准备：按顺序开启换热器的热风进口阀、热风出口阀以及放空阀（即 VA13、VA16、VA18），同时确保其他与列管式换热器相连通的管道阀门处于关闭状态。随后，启动风机并调节至全速运行状态，向换热器内通入热风，直至观察到列管式换热器的热风入口与出口温度达到基本一致。

② 阀门操作：首先开启列管式换热器的冷风进口阀与冷风出口阀（即 VA08、VA11），随后开启热风进口阀、热风出口阀以及放空阀（VA13、VA16、VA18）。与此同时，仔细检查其他与列管式换热器相关联的管道阀门并确保其均已被妥善关闭。

③ 软件操作

a. 在控制柜面板上，开启冷风机 C601 开关 26，此时，对应的电源指示灯 20 亮起绿色灯光，标志着冷风机已成功启动。

b. 在软件操作界面中，点击"冷空气流量控制"选项，随后进入手动模式，随后点击"冷空气出口流量控制"。接着，点击"输出值设置"按钮，并在弹出的输入框中输入大约 50% 的设定输出值。

④ 阀门控制

a. 将冷风机出口流量 FIC601 调整至某一特定的实训设定值，并记录这一数值。

b. 依次开启冷风机出口阀 VA04、水冷却器 E604 的空气出口阀 VA07，以及自来水系统的进、出水阀门（即 VA01 和 VA03）。随后，利用阀门 VA01 对冷却水的流量进行调节。

c. 通过手动操作阀门 VA06，将冷空气的温度 TI605 维持在约 30℃ 的水平。此过程遵循手动控制原则，类似于先前所述的主要控制点方案的"手动控制水冷却器出口冷风温度"。

⑤ 数据记录：当列管式换热器的冷风与热风进出口温度均达到相对稳定的状态时，换热过程可视为已趋于平衡。此时，应在对应的数据记录表格中，记录这一状态下的各项工艺参数。

⑥ 变量控制：选定冷风或热风的流量作为本次实训中的恒定变量，随后改变另一介质的流量，按照从小到大的顺序逐步调整，做 3 到 4 组数据，在对应的数据记录表中详细记录数据。

（2）逆流操作

① 预热准备：首先逐一开启换热器的热风进口阀、热风出口阀及放空阀（具体为 VA14、VA17、VA18），同时确保其他与列管式换热器相连接管路阀门处于关闭状态。随后，启动风机并调节至最大运行速率，向换热器内持续通入热风，直至热风进口与出口的温度读数达到基本一致的状态。

② 阀门操作：按顺序依次开启列管式换热器冷风进口阀（VA08）、冷风出口阀（VA11）、热风进口阀、热风出口阀及放空阀（即 VA14、VA17、VA18）。同时，仔细检查

并关闭所有其他与列管式换热器相连接管路阀门。

③ 软件操作

a. 在控制柜面板上，开启冷风机开关 26，此时电源指示灯 20 亮起绿色灯光，表明冷风机 C601 已成功启动；

b. 在软件操作界面中，点击"冷空气流量控制"选项，并选择手动模式以手动控制"冷空气出口流量控制"。随后，点击"输出值设置"按钮，在弹出的对话框中输入预设的输出值，大约为 50%。

④ 阀门控制

a. 调整冷风机出口流量 FIC601 至设定的实训值，并准确记录这一数值。

b. 依次开启冷风机出口阀 VA04、水冷却器 E604 的空气出口阀 VA07，以及自来水系统的进、出水阀门 VA01 和 VA03。随后，利用阀门 VA01 对冷却水的流量进行调节。

c. 通过操作阀门 VA06，对冷空气的温度 TI605 进行控制，确保其稳定在大约 30℃ 的预设值附近。

⑤ 数据记录：当列管式换热器的冷风和热风进出口温度均达到相对稳定状态时，换热过程可视为已基本达到平衡。此时，应及时在专用的数据记录表中详细记录各项工艺参数。

⑥ 变量控制：在本次实训中，选定冷风或热风的流量作为恒定变量，随后，按照从小到大的顺序逐步调整另一介质的流量，进行 3 至 4 组实训，观察并记录不同流量组合下的换热效果。

5.5.3 板式换热器操作实训

① 预热流程：开启板式换热器热风进口阀门（VA20），同时确保其他与板式换热器相连的管路阀门处于关闭状态。随后，全速运行热风机，并调整其运转功率至 90%～95%，直至观察到板式换热器的热风进口与出口温度达到基本一致的状态。

② 阀门操作：首先开启板式换热器冷风进口阀门（VA09），紧接着开启热风进口阀门（VA20），最后关闭其他与板式换热器相连的管路阀门。

③ 软件操作：在控制柜面板上，开启冷风机 C601 的启动开关 26。此时，应观察到电源指示灯 20 亮起绿色灯光，这表示冷风机已成功启动。然后转向软件界面，点击"冷空气流量控制"选项，并选择手动模式以实现对"冷空气出口流量"的调控。随后，在界面中找到"输出值设置"按钮并点击，在弹出的输入框中输入预设的输出值，大约为 50%。

④ 阀门控制：将冷风机出口流量 FIC601 调整至预设的实训值，并准确记录这一数值。然后逐一开启冷风机出口阀 VA04、水冷却器 E604 的空气出口阀 VA07，以及自来水系统的进、出水阀 VA01 和 VA03。接着，利用阀门 VA01 对冷却水的流量进行调节。最后采用手动方式，通过操作阀门 VA06 对冷空气的温度 TI605 进行控制，使其稳定维持在约 30℃ 的预设值附近。此控温方法遵循前面 5.3.5 装置工艺操作指标及控制方案的手动控制水冷却器出口冷风温度流程图（图 5-6）。

⑤ 数据记录：当板式换热器的冷风与热风进出口温度均达到相对稳定状态，且波动范围较小时，换热过程可视为已基本达到平衡状态。此时，应立即在相应的数据记录表中详细记录各项工艺参数。

⑥ 变量控制：选定冷风或热风的流量作为恒定变量。随后，按照从小到大的顺序逐步

调整另一介质的流量，进行多组实训（建议进行 3 至 4 组），在对应的数据记录表中详细记录数据。

5.5.4　套管式换热器操作实训

（1）预热流程

在进行预热操作时，依次开启套管式换热器的蒸汽进、出口阀门（即 VA25、VA26、VA22、VA23、VA24 等阀门），同时确保其他与套管式换热器连接的阀门均处于关闭状态。随后，通入水蒸气并监控蒸汽发生器内部温度 TI621 与套管式换热器出口冷空气温度 TI614 的变化情况，直至两者数值基本趋同，标志着预热阶段的完成。

在此过程中，应特别注意首次开启阀门 VA25 后，再缓慢而谨慎地操作阀门 VA26，同时密切关注套管式换热器进口压力 PI606 的读数，通过精细调节维持其压力值在 0.02MPa 以下。

（2）蒸汽控制

对蒸汽发生器 R601 的加热功率进行控制，以维持其蒸汽的压力和液位在预设的实训范围之内。此外，还需特别关注并适时调节阀门 VA26，目标是将蒸汽的压力稳定在 0～0.15MPa 之间的某一恒定水平。

（3）阀门操作

① 开启套管式换热器冷风进口阀门 VA10；

② 开启冷风机 C601，随后通过调节其流量控制器 FIC601，将冷风流量精确设定至预设的实训值，并详细记录该数值；

③ 接着，开启冷风机出口阀门 VA04，以及水冷却器空气出口阀门 VA07，同时开启自来水系统的进、出水阀门 VA01 和 VA03，随后，利用阀门 VA01 对冷却水的流量进行调节；

④ 采用手动控制模式，通过操作阀门 VA06，将冷风温度稳定在大约 30℃ 的设定值附近。此控温方法遵循前面 5.3.5 装置工艺操作指标及控制方案的手动控制水冷却器出口冷风温度流程图（图 5-6）。

（4）数据记录

当套管式换热器的冷风与热风进出口温度均达到相对稳定状态，且波动范围较小时，换热过程可视为已趋于平衡。此时，在专用的数据记录表中准确记录各项工艺参数。

（5）变量控制

选定套管式换热器内的蒸汽压力作为恒定变量。随后，选定冷风流量作为变量，按照从小到大的顺序逐步调整冷风流量，进行多组实训（建议进行 3 至 4 组），在对应的数据记录表中详细记录数据。

5.5.5　列管式换热器（并流）+ 板式换热器串联操作实训

（1）预热流程

首先依次逐一开启涉及冷热风流通的列管式及板式换热器的热风进口与出口阀门（具体为 VA13、VA16、VA19），同时确保与此两类换热器相连的其他管路阀门均保持关闭状态。随后，启动热风机并调整至全速运行状态，密切关注列管式换热器并流进口热空气温度

TI615 与板式换热器出口热空气温度 TI620 的变化情况，直至两者温度读数趋于一致且保持稳定，此时方可视为预热过程结束。

（2）阀门操作

首先，依次开启冷风管路的阀门组合（VA08、VA12），确保冷风流通路径畅通无阻。其次，逐一开启热风管路的阀门（VA13、VA16、VA19）。最后，关闭其他与列管式换热器或板式换热器相连的管路阀门。

（3）软件操作

① 开启控制柜面板中冷风机 C601 开关 26，电源指示灯 20 显示绿色灯光，表示冷风机启动；

② 点击软件界面中"冷空气流量控制"进行手动模式控制"冷空气出口流量控制"，点击"输出值设置"按钮，输入设定输出值约 50%。

（4）阀门控制

① 对冷风机出口流量 FIC601 进行调整，直至达到预设的实训值，并准确记录此参数。

② 逐一开启冷风机出口阀门 VA04、水冷却器 E604 的空气出口阀门 VA07，以及自来水系统的进、出水阀门 VA01 和 VA03。通过操作阀门 VA01 对冷却水的流量进行调节。

③ 借助阀门 VA06 通过手动操作维持冷空气温度 TI605 在大约 30℃ 的预设值附近波动，控温方法遵循前述 5.3.5 装置工艺操作指标及控制方案的手动控制水冷却器出口冷风温度流程图（图 5-6）。

（5）数据记录

当列管式换热器的冷、热风进口温度以及板式换热器的冷、热风出口温度均达到相对稳定状态且波动范围较小时，换热过程可视为已基本达到平衡。此时，应立即在对应的数据记录表中详细记录相关的工艺参数。

（6）变量控制

选定冷风或热风的流量作为恒定变量，按照从小到大的顺序逐步调整另一介质的流量，进行多组实训（建议进行 3 至 4 组），在对应的数据记录表中准确记录相关数据。

5.5.6　列管式换热器（逆流）+ 板式换热器串联操作实训

（1）预热流程

开启列管式与板式换热器的热风进、出口阀门 VA14、VA17 和 VA19，关闭与这两类换热器相连的其他管路阀门。随后，启动热风机并调至全速运转状态，监测列管式换热器逆流进口热空气温度 TI616 与板式换热器出口热空气温度 TI620 的数值变化，直至两者温差极小并趋于一致，此时方可视为预热完成。

（2）阀门操作

按顺序开启冷风管路的阀门 VA08 与 VA12、热风管路的阀门 VA14、VA17 及 VA19，关闭其他所有与列管式换热器或板式换热器相连的管路阀门。

（3）软件控制

① 旋转开启冷风机的旋钮开关 26，同时观察电源指示灯 20 的颜色变化，当绿色光芒亮起时，即表示冷风机 C601 已成功启动。

② 点击软件界面中"冷空气流量控制"选项，进入其控制界面。在此界面中，选择手

动控制模式，以便对"冷空气出口流量控制"进行调节。接下来，点击"输出值设置"按钮，弹出输入框后，输入预设的输出值，约为 50%。

（4）阀门控制

① 对冷风机出口流量 FIC601 进行调整，直至其达到实训所需的特定值，立即记录这一关键参数。

② 开启冷风机出口阀门 VA04、水冷却器 E604 的空气出口阀门 VA07 以及自来水系统的进、出水阀门 VA01 和 VA03。通过调节阀门 VA01 的开度，实现对冷却水流量的有效控制。

③ 利用阀门 VA06 作为温度调节工具，通过手动操作将其调整至适当位置，以维持冷空气温度 TI605 在大约 30℃ 的预设范围内波动。此控温过程遵循前述 5.3.5 装置工艺操作指标及控制方案的手动控制水冷却器出口冷风温度流程图（图 5-6）。

（5）数据记录

当列管式换热器的冷、热风进口温度以及板式换热器的冷、热风出口温度均达到相对稳定状态，且波动幅度微小时，换热过程可视为已趋于平衡。此时，应在专用的数据记录表中详细记录相应工艺参数。

（6）变量控制

在本实训中，选定冷风或热风的流量作为恒定不变的参数，将另一介质的流量作为实训变量，按照从小到大的顺序逐步调整其流量值，进行多组实训（建议进行 3 至 4 组），在对应的数据记录表中准确记录数据。

5.5.7　列管式换热器（并流）+ 板式换热器并联操作实训

（1）预热操作

按顺序开启列管式、板式换热器热风进、出口阀（VA13、VA16、VA18、VA20），同时关闭其他所有与列管式、板式换热器相连的管路阀门。随后，启动热风机并调整至全速运行状态，密切关注列管式换热器并流进、出口热空气温度 TI615 与 TI618，以及板式换热器进、出口热空气温度 TI619 与 TI620 的数值变化，直至各对温度值基本一致，且保持稳定，此时方可视为预热完成。

（2）阀门操作

依次开启冷风管路的阀门（VA08、VA11、VA09），紧接着，逐一开启热风管路的阀门（VA13、VA16、VA18、VA20）。最后，关闭其他所有与列管式换热器或板式换热器相连的管路阀门。

（3）软件控制

① 在控制柜面板上，找到并旋转冷风机 C601 的旋钮开关 26，观察电源指示灯 20 的颜色变化。当绿色光芒亮起时，表示冷风机已成功启动。

② 在软件界面，寻找并点击"冷空气流量控制"模块，选择手动控制模式，点击"冷空气出口流量控制"。接下来，轻触"输出值设置"按钮，弹出输入框后，输入预设的输出值（约为 50%）。

（4）阀门控制

① 将冷风机出口流量（FIC601）设定为某一特定的实训值，并记录此设定值。

② 开启冷风机出口阀 (VA04)，同时开启水冷却器 E604 的空气出口阀 (VA07) 以及自来水的进、出口阀门 (VA01、VA03)。通过调整阀门 VA01 的开度，调节冷却水的流量。

③ 通过手动方式控制阀门 VA06 的开度，以维持冷空气温度 TI605 在大约 30℃ 的预设范围内波动。此控温策略遵循前述 5.3.5 装置工艺操作指标及控制方案的手动控制水冷却器出口冷风温度流程图 (图 5-6)。

(5) 数据记录

持续监测列管式换热器冷、热风进口温度以及板式换热器冷、热风出口温度的变化情况。当这些温度值均达到相对稳定状态，且波动范围极小时，可判断换热过程已趋于平衡。此时，在专用的数据记录表中详细记录相应的工艺参数。

(6) 变量控制

选定冷风或热风的流量作为恒定变量，保持其流量值在预设范围内不变。随后，将另一介质的流量作为实训变量，采用逐步增加的方式 (从最小值开始，逐渐增加至预定范围内的最大值) 调节，进行多组实训 (建议进行 3 至 4 组)，在对应的数据记录表中准确记录数据。

5.5.8 列管式换热器 (逆流) + 板式换热器并联操作实训

(1) 预热操作

依次逐一开启用于冷热风循环的列管式及板式换热器的热风进、出口阀门 (VA14、VA17、VA18、VA20)，同时确保关闭其他与这两个换热器相连接的管路阀门。随后，开启热风机并调至全速运行状态，耐心等待直至列管式换热器逆流进、出口热空气温度 TI616 与 TI617，以及板式换热器进、出口热空气温度 TI619 与 TI620 达到基本一致，且保持稳定，此时视为预热完成。

(2) 阀门操作

依次开启冷风管路上的阀门 (VA08、VA11、VA09)，接着，逐一开启热风管路上的阀门 (VA14、VA17、VA18、VA20)。同时，关闭其他与列管式或板式换热器相连的管路阀门。

(3) 软件控制

① 转向控制柜面板，旋转冷风机 C601 开关 26，观察到电源指示灯 20 亮起绿色光芒，这标志着冷风机已成功启动。

② 在软件界面，点击"冷空气流量控制"模块，进入相应的控制界面。在此界面中，选择手动控制模式，进入"冷空气出口流量控制"。接下来，轻触"输出值设置"按钮，在弹出的输入框中输入预设的输出值 (约 50%)。

(4) 阀门控制

① 将冷风机出口流量 FIC601 调整至某一实训值，并记录此设定值。

② 开启冷风机出口阀门 VA04，接着开启水冷却器 E604 的空气出口阀门 VA07 以及自来水系统的进、出水阀门 VA01 和 VA03。随后，利用阀门 VA01 调控冷却水的流量，以满足实训对冷却效果的具体要求。

③ 借助阀门 VA06 的手动操作功能，实施对冷空气温度 TI605 的控制，目标是将其稳定在大约 30℃ 的预设范围内。此温度控制策略遵循前述 5.3.5 装置工艺操作指标及控制

方案的手动控制水冷却器出口冷风温度流程图（图 5-6）。

（5）数据记录

持续监测列管式换热器冷、热风进口以及板式换热器冷、热风出口的温度变化。当这些温度值均达到相对稳定状态，即波动极小且趋于一致时，换热过程可视为已基本达到平衡。此时，在专用的数据记录表中准确记录相关的工艺参数。

（6）变量控制

将冷风或热风的流量设定为恒定量，而将另一介质的流量作为实训变量，通过逐步增加该变量值，进行多组实训（推荐进行 3 至 4 组），在对应的数据记录表中详细记录数据。

5.5.9 停车操作

（1）蒸汽发生器 R601 的停机

① 软件操控：在实训软件的主操作界面上，点击"蒸汽压力控制"功能项，随即跳转至"蒸汽发生器蒸汽压力控制"的操作界面。在手动控制模式下，点击"输出值设置"按钮，于弹出的"输出值范围"中，将输出值参数设为 0。

② 控制柜操作：转向控制柜面板，找到并关闭蒸汽加热运行开关 29，随后蒸汽加热状态指示灯 23 的绿色光芒熄灭，标志着蒸汽发生器 R601 已切断电源供应。

③ 阀门操作：依次关闭蒸汽出口路径上的阀门 VA25 与 VA26。

④ 压力释放：缓慢旋开蒸汽发生器放空阀 VA27，以及套管式换热器蒸汽疏水旁路阀 VA21，以此逐步释放蒸汽系统内部积存的压力。

（2）热风加热器 E605 的停机

① 软件调控：返回实训软件的主操作界面，点击"热空气温度控制"的选项，进而跳转至"热风加热器出口温度控制"的界面。在手动控制模式下，点击"输出值设置"选项，随后在弹出的对话框"输出值范围"中，将输出值参数设定为 0。

② 关闭位于控制柜面板上的热风加热运行开关 28，随后观察热风加热状态的指示灯 22 的绿色灯光熄灭，这表明热风加热器 E605 已顺利进入停机状态。

（3）冷风机 C601 的停机

① 冷风机 C601 继续运行，直至其出口总管温度逐渐接近常温状态。此时，在软件界面中，点击"冷空气流量控制"选项，以展开"冷空气出口流量控制"的具体操作界面。在手动控制模式下，点击"输出值设置"按钮，并在弹出的"输出值范围"设置框中，将输出值调整至 0。

② 前往控制柜面板，关闭冷风机运行开关 26，冷风机运行状态指示灯 20 的绿色灯光随之熄灭，标志着冷风机 C601 已完成停机操作。

③ 关闭自来水进、出口阀门 VA01 与 VA03，以切断冷却水的供应，从而停止对冷风机出口冷却器的进一步冷却。

（4）热风机 C602 的停机

① 保持热风机 C602 继续运行，直至监测到热风加热器出口热空气温度 TIC607 下降至低于 40℃。此时，在软件界面上，点击"热空气流量控制"选项，进入"热空气出口流量控制"的详细界面。在手动操作模式下，点击"输出值设置"按钮，并在弹出的对话框"输出值范围"中，将输出值设定为 0。

② 前往控制柜面板，关闭热风机运行开关 27。随着操作的完成，热风机运行状态指示灯 21 的绿色灯光熄灭，标志着热风机 C602 已安全停车。

（5）其他装置的停机与后续处理

① 将套管式换热器内残留的水蒸气冷凝液彻底排放干净。

② 待整个装置系统的温度自然降至常温水平后，逐一检查并关闭系统中所有阀门。

（6）软件退出与电源切断

① 软件关闭步骤：完成数据采集任务后，将相关数据准确无误地录入指定表格中。数据记录工作完毕后，在传热实训软件界面上点击"退出实验"，退出传热实训软件。随后，关闭计算机。

② 仪表电源切断：找到并关闭控制柜面板的空气开关 10（标记为 2QF），切断所有仪表设备的电源供应。

③ 总电源切断：关闭控制柜面板上的空气开关 33（标记为 1QF），这一操作将切断整个设备的总电源。

（7）实训现场整理与维护

① 停机后，需对各个设备、阀门及仪表进行全面检查，确认其状态良好。

② 将实训过程中使用过的工具、器材等物品放回指定位置，并进行现场清理工作。对实训设备进行必要的清洁处理，以去除积尘、污渍等。同时，打扫实训装置的一层和二层场地，以及控制台区域，确保实训环境整洁有序。

5.5.10 安全注意事项

① 定期对蒸汽发生器的运行状态进行检查，关注其水位及蒸汽压力的波动情况。确保蒸汽发生器的水位始终维持在安全阈值（400mm）之上，一旦发现任何异常迹象，应立即采取相应措施进行处理。

② 频繁地检查风机的运行状况，特别留意电机温度的变化趋势，以防过热现象的发生。

③ 严禁蒸汽发生器干烧。同时，在热风加热器工作期间，必须保证空气流量不低于 $30m^3/h$。当热风机停止运行时，还需监控热风加热器出口热空气温度 TIC607，确保其不超过 40℃。

④ 在执行换热器操作前，需通过热风或水蒸气的通入对设备进行预热处理，直至设备内部的热风进口与出口温度达到基本一致的状态，方可正式启动传热流程。

⑤ 通过定期巡查与记录，及时发现并解决潜在问题。

此外，行为习惯注意事项参见第 1 章的"行为习惯注意事项"。

5.6 ▶ 传热障碍排除实训

在正常传热操作中，可以通过不定时改变某些阀门、风机或泵的工作状态来扰动传热系统正常的工作状态，这样可模拟出实际生产过程中的常见故障。学生可根据现场各参数的变化情况、设备运行异常现象，分析故障原因，找出故障并动手排除故障，以提高学生对工艺流程的认识度和实际动手能力。学生在完成障碍排除后，提交书面报告，详细记录障碍现象、原因分析、解决方案和操作过程，教师根据学生的操作表现和报告内容进行障碍排除考核。

（1）水冷却器冷空气进出温差小、出口温度高

水冷却器冷空气进出温差小、出口温度高的原因可能多种多样，主要包括水冷却器冷却量不足、冷却水短路等。在正常传热操作中，教师可主动操控，隐蔽地改变冷却水的流向（例如开启冷却水出口电磁阀，使冷却水短路），学生通过观察出口冷风温度、冷却水的压力等参数的变化，分析引起系统异常的原因并作处理，使系统恢复到正常操作状态。

（2）换热器换热效果下降

换热器换热效果下降的原因可能多种多样，主要包括换热器内不凝气体集聚、换热器内冷凝液集聚以及换热器管内外严重结垢等。在正常传热操作中，教师可大幅改变冷流体的温度，使得换热器内冷凝液集聚，学生通过观察出口冷风温度、冷却水的压力等参数的变化，分析引起系统异常的原因并作处理，使系统恢复到正常操作状态。

（3）换热器发生振动

在传热操作实训中，教师可主动操控，隐蔽地改变冷流体或热流体流量（例如加大热流体流量），学生通过观察系统内温度、压力、流量等参数的变化情况，分析引起系统异常（换热器发生振动）的原因并作处理，使系统恢复到正常操作状态。

（4）蒸汽发生器系统安全阀起跳

蒸汽发生器系统安全阀起跳的原因主要包括超压以及蒸汽发生器内液位不足、缺水等。在传热操作实训中，教师可主动操控，隐蔽地改变蒸汽发生器内液位，学生通过观察蒸汽发生器内液位、压力等参数的变化情况，分析引起系统异常（蒸汽发生器系统安全阀起跳）的原因并作处理，使系统恢复到正常操作状态。

（5）列管式换热器冷风出口流量、热风出口流量与进口流量有差异

在正常传热操作中，教师可以改变列管式换热器热风逆流进口的工作状态（例如开启旁路电磁阀，使部分热风不经换热直接随冷风排出），学生通过观察冷风、热风经过换热前后流量、冷风出口温度的变化，分析引起系统异常的原因并作处理，使系统恢复到正常操作状态。

5.7 ▶ 实训数据记录

实训数据记录表见表 5-9～表 5-16。

表 5-9　列管式换热器（并流）操作实训数据记录表

序号	时间	打开阀门	冷风系统				热风系统			冷风进口温度/℃	冷风出口温度/℃	热风进口温度/℃	热风出口温度/℃
			水冷却器进口压力/kPa	阀门VA07的开度	风机出口流量/(m³/h)	出口流量/(m³/h)	电加热器的开度	风机出口流量/(m³/h)	出口流量/(m³/h)				
1													
2													
3													
4													

续表

序号	时间	打开阀门	冷风系统				热风系统			冷风进口温度/℃	冷风出口温度/℃	热风进口温度/℃	热风出口温度/℃
			水冷却器进口压力/kPa	阀门VA07的开度	风机出口流量/(m³/h)	出口流量/(m³/h)	电加热器的开度	风机出口流量/(m³/h)	出口流量/(m³/h)				
5													
6													

表 5-10　列管式换热器（逆流）操作实训数据记录表

序号	时间	打开阀门	冷风系统				热风系统			冷风进口温度/℃	冷风出口温度/℃	热风进口温度/℃	热风出口温度/℃
			水冷却器进口压力/kPa	阀门VA07的开度	风机出口流量/(m³/h)	出口流量/(m³/h)	电加热器的开度	风机出口流量/(m³/h)	出口流量/(m³/h)				
1													
2													
3													
4													
5													

表 5-11　板式换热器操作实训数据记录表

序号	时间	打开阀门	冷风系统			热风系统		冷风进口温度/℃	冷风出口温度/℃	热风进口温度/℃	热风出口温度/℃
			水冷却器进口压力/kPa	阀门VA07的开度	风机出口流量/(m³/h)	电加热器的开度	风机出口流量/(m³/h)				
1											
2											
3											
4											
5											

表 5-12　列管式换热器（并流）＋板式换热器串联操作实训数据记录表

序号	时间	打开阀门	冷风系统				热风系统			换热器冷风进口温度/℃		换热器冷风出口温度/℃		换热器热风进口温度/℃		换热器热风出口温度/℃	
			水冷却器进口压力/kPa	阀门VA07的开度	风机出口流量/(m³/h)	列管式换热器流量/(m³/h)	电加热器的开度	风机出口流量/(m³/h)	列管式换热器流量/(m³/h)	列管式	板式	列管式	板式	列管式	板式	列管式	板式
1																	
2																	
3																	
4																	
5																	

表 5-13 列管式换热器（逆流）＋板式换热器串联操作实训数据记录表

序号	时间	打开阀门	冷风系统				热风系统			换热器冷风进口温度/℃		换热器冷风出口温度/℃		换热器热风进口温度/℃		换热器热风出口温度/℃	
			水冷却器进口压力/kPa	阀门VA07的开度	风机出口流量/(m³/h)	列管式换热器流量/(m³/h)	电加热器的开度	风机出口流量/(m³/h)	列管式换热器流量/(m³/h)	列管式	板式	列管式	板式	列管式	板式	列管式	板式
1																	
2																	
3																	
4																	
5																	

表 5-14 列管式换热器（并流）＋板式换热器并联操作实训数据记录表

序号	时间	打开阀门	冷风系统				热风系统			换热器冷风进口温度/℃		换热器冷风出口温度/℃		换热器热风进口温度/℃		换热器热风出口温度/℃	
			水冷却器进口压力/kPa	阀门VA07的开度	风机出口流量/(m³/h)	列管式换热器流量/(m³/h)	电加热器的开度	风机出口流量/(m³/h)	列管式换热器流量/(m³/h)	列管式	板式	列管式	板式	列管式	板式	列管式	板式
1																	
2																	
3																	
4																	
5																	

表 5-15 列管式换热器（逆流）＋板式换热器并联操作实训数据记录表

序号	时间	打开阀门	冷风系统				热风系统			换热器冷风进口温度/℃		换热器冷风出口温度/℃		换热器热风进口温度/℃		换热器热风出口温度/℃	
			水冷却器进口压力/kPa	阀门VA07的开度	风机出口流量/(m³/h)	列管式换热器流量/(m³/h)	电加热器的开度	风机出口流量/(m³/h)	列管式换热器流量/(m³/h)	列管式	板式	列管式	板式	列管式	板式	列管式	板式
1																	
2																	
3																	
4																	

表 5-16   套管式换热器操作实训数据记录表

序号	时间	打开阀门	冷风系统				蒸汽系统			冷风进口温度/℃	冷风出口温度/℃	管道蒸汽压力/MPa
			水冷却器进口压力/kPa	阀门VA07的开度	风机出口流量/(m³/h)	电加热器的开度	蒸汽压力/MPa	阀门VA29的开度	液位/mm			
1												
2												
3												
4												
5												
6												

（1）操作记录

（2）异常情况记录及处理

（3）障碍排除型操作

✎ 思考题

（1）探讨实训环境下，冷流体与蒸汽流动方向对传热效果是否有影响。

（2）在蒸汽冷凝流程中，未冷凝气体的存在如何干扰传热？探讨有效的应对策略。

（3）若冷凝水在实训中未能及时移除，分析其可能带来的后果及有效排放冷凝水的方法。

（4）实训期间，换热管壁温度是倾向于蒸汽温度还是空气温度？其背后的原因是什么？

（5）阐述为何需要在传热稳定后才进行数据读取的必要性。

（6）分析影响传热系数的因素。

（7）探讨本实训体系中包含的换热器类型，以及每种类型换热器的特点。

（8）列举列管式换热器的不同种类，并阐述每种类型的特点。

（9）对比逆流与对流热传递方式的不同点，并探讨在工业生产中更常采用哪种传热方式。

（10）解析疏水阀与安全阀的作用及工作原理。

（11）阐述换热器串联的主要目的。

（12）讨论在实训过程中如何控制蒸汽发生器的压力，以及必须遵守的安全注意事项。

第6章
流态化与流化床干燥操作及障碍排除实训

 导读

　　流态化技术,通过流体与固体颗粒的相互作用,赋予固体颗粒流动化特性,模拟流体行为。该技术的工业化干燥应用可追溯到 1948 年的美国,多尔-奥列弗公司率先构建了直径达 1.73m 的固体流化装置,以 74℃ 的床层温度,实现了每小时 50t 白云石颗粒的高效干燥,并借助粉尘扬析技术得到较粗制品。自 1958 年起,我国开始探索流化床干燥技术的应用,最初在食盐加工领域取得突破。时至今日,流态化技术已深度融入我国多个工业领域,特别是在粉粒状物料的处理流程中,如输送、混合、热交换、干燥、吸附、煅烧及气固反应等。目前,流化床干燥技术已成功应用于化肥、颜料、聚乙烯、对苯二甲酸二酯、医药原料、塑料等多种产品的生产中,成为不可或缺的工艺环节。

6.1 ▶ 实训背景

6.1.1 基本概念

　　干燥操作通过特定机制向含水物料传递热能,促使水分以蒸发形式脱离物料,广泛应用于化工、轻工业和农林渔业产品的深加工流程中。在化学工程领域,固体干燥是一种重要的单元操作,其手段非常多样,流化干燥技术在其中占据核心地位。

　　干燥过程错综复杂,它不仅涉及气固两相间的热能与质量传递,还涉及了湿分(无论气态或液态)如何从物料内部迁移至表面并脱离的微观机理。由于物料本身的含水特性、形态构造及内部结构的差异性,干燥速率受诸多变量影响,包括物料固有属性、初始含水量、水分存在形式、加热介质的性质以及干燥设备的类型等。因此,在设计干燥设备规格或评估其生产能力时,特定干燥条件下测定的物料干燥速率、临界湿含量、平衡湿含量等参数,构成了最基本的技术参数。鉴于物料性质的多样性,目前尚缺乏成熟的理论模型精准预测干燥速率,工业实践中仍高度依赖实验数据来指导干燥工艺的优化。

　　依据空气状态参数在过程中是否保持恒定,可以将干燥操作划分为恒定干燥条件操作和非恒定干燥条件操作。当采用大量空气对少量物料进行干燥时,若此过程中湿空气的温度、湿度维持不变,且气流速度及其与物料的接触模式保持不变,则此类操作被定义为恒定干燥条件操作。在恒速干燥阶段,干燥速率与临界含水率的准确测定,对于干燥过程研究和干燥器设计而言非常重要。

为了确定湿物料的干燥条件，需基于特定的干燥需求，确定干燥参数。例如，已知干燥要求，在给定干燥面积的情况下，来确定所需的干燥时间；反之，若干燥时间固定，则需确定相应干燥面积。这一过程中，深入理解物料的干燥特性，即干燥速率曲线。该曲线是将湿物料置于一定的干燥条件下，即有一定湿度、温度和速度的大量热空气流中，通过测定被干燥物料的质量和温度随时间的变化来获得的。

本实训旨在恒定干燥条件下，对物料实施干燥处理，并通过实训手段绘制出干燥曲线及干燥速率曲线。目的在于掌握在恒定干燥阶段，如何有效测定干燥速率、临界含水率，并探究这些参数受哪些因素的影响。

6.1.2 实训原理

（1）流态化过程

如若流体自下而上流过颗粒层，那么按照流速的不一样，会显示出三种不同状态，如图 6-1 所示。

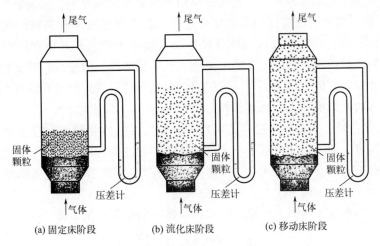

图 6-1 流态化过程的几个阶段

① 固定床阶段：当流体流经具有特定高度及堆积密度的颗粒床层时，若流体的表观流速（即空床流速 u_0，基于床层横截面积计算）处于较低水平，导致颗粒间隙内流体的实际流速 u_1 低于颗粒的自由沉降速度 u_t，则颗粒间维持相互接触且静止不动的状态，形成所谓的固定床［见图 6-1(a)］。

② 流化床阶段：随着流体表观流速 u 逐渐增大，直至达到某一阈值，此时颗粒间隙内的流体实际流速 u_1 超过颗粒的自由沉降速度 u_t。这一变化促使床层内较小颗粒开始松动或"悬浮"，导致颗粒层高度显著上升。然而，随着床层的扩张，其内部空隙率相应增加，进而引起流体实际流速 u_1 的减缓，直至其重新回落至与颗粒自由沉降速度 u_t 相等。因此，在特定表观流速下，颗粒层将膨胀至一定程度后保持稳定，颗粒在流体中达到悬浮状态，形成具有清晰上界面的床层，其外观类似于沸腾的水面，此状态下的床层被称为流化床［见图 6-1(b)］。

在流化床阶段，当空气流速增加至临界流化速度（$u_{m,f}$）时，单位面积床层上的压力降（Δp）恰好等于颗粒重力与所受浮力之差，标志着颗粒开始全面悬浮于流体中。继续提升空气流速，床层将持续膨胀，但此过程中床层压力降基本维持恒定，而颗粒间的运动则更为剧烈。由于流化床的空隙率随流体表观流速 u 的增加而增大，故能维持流化状态所需的表观流速范围相对较宽。在实际操作中，为确保流化床的有效运行，流体速度应设定在临界流化速度与带出速度之间，而这两个关键速度的确定通常依赖于实验测定。

③ 移动床阶段：流体表观流速 u 进一步增加，当其远超颗粒的自由沉降速度 u_t 时，颗粒不再局限于床层内，被流体直接携带移动，标志着床层从流化状态过渡到移动床阶段［见图 6-1(c)］，此时床层的上界面不复存在，这一过程也常被称作气力输送阶段。

在流态化条件下，固体颗粒实现了在空气中的悬浮，这一状态最大化了颗粒与空气之间的传热、传质面积，确保了传热与传质过程的高效进行。同时，由于所有颗粒均能在相同的热量和质量传递动力下运动，流态化干燥不仅能够显著提升产品质量，还能有效缩短干燥时间。

（2）聚式流态化的两种不正常现象

固体流态化现象依据其特性差异，可细分为散式流态化与聚式流态化两大类别。在气-固系统中，聚式流态化尤为常见，其在实际应用中可能发生两种不正常现象。

① 腾涌现象：当床层的高度与直径之比过大，且气流速度异常高时，床内气泡易相互合并，形成大型气泡。一旦这些气泡的直径扩大至接近床层直径，便会将床层分割成若干段，导致物料以类似活塞运动的方式向上涌动，抵达顶部后气泡破裂，部分物料回落。此现象称为腾涌或节涌，它极大地削弱了床层的稳定性，恶化了气固间的接触效率，同时引发床层振动，对内部构件造成冲击，加速颗粒磨损与带出。

② 沟流现象：对于大直径床层，若颗粒分布不均或气体初始分布存在缺陷，可能引发局部区域形成沟道流动。在此情况下，大量气体集中通过少数通道上升，而床层其余部分则保持固定床状态，未能实现有效流化（即形成"死床"）。沟道流动显著降低了气体与所有颗粒的良好接触，严重阻碍了工艺过程的正常进行。

干燥速率，即单位干燥面积、单位时间内所除去的湿分质量。即

$$U = \frac{\mathrm{d}m}{A\mathrm{d}\tau} = -\frac{G_C\mathrm{d}X}{A\mathrm{d}\tau} \tag{6-1}$$

式中　U——干燥速率，又称干燥通量，$kg/(m^2 \cdot s)$；

　　　A——干燥面积，m^2；

　　　m——汽化的湿分量，kg；

　　　τ——干燥时间，s；

　　G_C——绝干物料的质量，kg；

　　　X——物料含水率 kg/kg，负号表示 X 随干燥时间的增加而减少。

6.1.3　实训基础知识

在恒定空气流速环境下对湿物料样本进行干燥测试，随着干燥历程的逐步推进，物料中的水分经历持续的汽化过程，导致湿物料质量不断减轻。实训过程中，定期记录物料质量 G 随时间的变化情况，直至观测到物料质量趋于稳定，即达到该条件下所能达到的最低水分含量状态，此时残留于物料内部的水分被定义为平衡水分。随后，将物料进行完全烘干处理，并测量其绝对干燥状态下的质量，此质量即为绝干物料的质量 G_C。基于上述数据，根据式

(6-2) 可以计算出物料的瞬间含水率 X：

$$X = \frac{G - G_\mathrm{C}}{G_\mathrm{C}} \tag{6-2}$$

计算出各个时刻的瞬间含水率 X，然后将 X 对干燥时间 τ 作图，即可得到干燥曲线，如图 6-2 所示。

上述干燥曲线还可以通过变换得到干燥速率曲线。通过已测得的干燥曲线求出不同 X 的斜率 $\frac{\mathrm{d}X}{\mathrm{d}\tau}$，再通过计算得到干燥速率 U，将 U 对 X 作图，可以得到恒定干燥条件下的干燥速率曲线（图 6-3）。

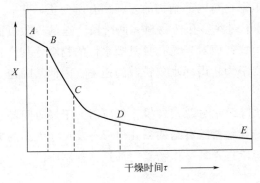

图 6-2　恒定干燥条件下的干燥曲线

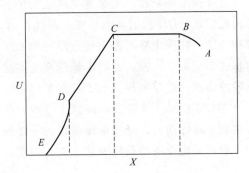

图 6-3　恒定干燥条件下的干燥速率曲线

当湿物料和干燥介质相互接触时，物料表面水分就会开始汽化，并且向四周的介质传递。根据介质传递的特点，干燥过程可分为以下三个阶段。

（1）预热阶段（见图 6-2、图 6-3 中的 AB 段）

在预热阶段中，物料含水率有所降低，温度则上升到湿球温度 t_W，干燥速率可能展现出上升或下降的趋势，但由于预热阶段持续时间极短，通常在干燥过程的分析中不予详细考虑，甚至在某些干燥操作中完全不存在预热阶段。同样，本实训中也省略了对预热阶段的观察。

（2）恒速干燥阶段（见图 6-2、图 6-3 中的 BC 段）

此阶段以物料内部水分的持续蒸发为标志，含水率持续减少。由于此阶段主要去除的是物料表面非结合态的自由水分，其蒸发机制与纯水蒸发相似，因此在恒定干燥条件下，物料表面温度稳定在湿球温度 t_W，传质驱动力维持恒定，从而确保干燥速率保持一致，图 6-3 中 BC 段因此呈现为水平线。

只要物料表面维持足够的水分润湿状态，干燥过程总会包含恒速干燥阶段。此阶段的干燥速率主要取决于物料表面水分的蒸发速率，即受外部空气干燥条件的直接影响，因此也被称为表面汽化控制阶段。影响恒速干燥阶段干燥速率及临界含水率的因素包括固体物料的种类与固有属性、物料层的厚度或颗粒尺寸、空气的热湿状态及流动特性等。

（3）降速干燥阶段

随着干燥过程的深入，物料内部水分向表面迁移的速率逐渐落后于表面水分的蒸发速率，导致物料表面局部区域出现"干区"。尽管此时物料其余湿润部分的蒸气压仍维持与纯水饱和蒸气压一致，且传质过程依然由湿度差驱动，但考虑到"干区"的存在，以物料整体外表面为基准的干燥速率会有所下降。此阶段物料中所含的水分降至某一特定水平，即临界含水率，用符号 X_C 表示，在图 6-3 中对应 C 点，也称作临界点。过了 C 点后，干燥速率逐渐放缓，直至 D 点，C 点至 D 点的这一过程被定义为降速干燥的第一阶段。

当干燥进行到 D 点时，物料表面全部转变为干燥状态，蒸发面开始向物料内部推移。此时，蒸发所需热量需穿透已干燥的固体层方能到达蒸发面，同时，蒸发的水分也必须穿越这一固体层才能进入空气主流中。由于热、质传递路径的延长，干燥速率进一步减缓。此外，D 点之后，物料中的自由水已被彻底去除，接下来的蒸发过程主要针对各种形式的结合水，这导致平衡蒸气压逐渐降低，传质驱动力减弱，干燥速率因此迅速下降，直至 E 点达到零，此阶段称为降速干燥的第二阶段。

在降速干燥阶段，干燥速率曲线的形态会根据物料内部结构的差异而有所变化，并非一律遵循前述 CDE 段的典型形态。具体而言，对于一些多孔性物料，两阶段降速的界限可能模糊不清，曲线走势可能更接近单一的 CD 段模式；而对于无孔且具吸水性的物料，其汽化过程主要局限于表面，此时干燥速率更多地受制于物料内部水分扩散的速率，因此其降速干燥阶段曲线可能仅展现类似 DE 段的特征。

相较于恒速干燥阶段，降速干燥阶段虽然去除的水分总量较少，但所需的干燥时间却显著增加。总体而言，降速干燥阶段的干燥速率受到物料固有结构、几何形态及尺寸大小的影响，而与干燥介质的条件关系不大，因此，该阶段也常被称作物料内部迁移控制阶段。

6.2 ▶ 实训目的

① 熟练掌握流化床干燥设备的基本架构、作业流程及操作技巧。

② 通过实际操作，学会如何在恒定干燥条件下，运用实训方法测定物料的干燥特性。

③ 掌握利用实训获得干燥曲线，计算并绘制干燥速率曲线，同时掌握能够准确求出恒速干燥阶段的干燥速率、临界含水率及平衡含水量的实训数据处理与分析技巧。

④ 通过实训探究不同干燥条件如何影响干燥过程的特性。

⑤ 分析流化床干燥与洞道干燥两种技术在原理、效率、应用场景等方面的异同点。

6.3 ▶ 流化床干燥操作实训装置简介

流化床干燥操作实训采用热空气干燥湿物料，其装置结构如图 6-4 所示。

此外，流化床干燥实训装置还配有干燥室和称重传感器，干燥室尺寸为 $\phi100\text{mm} \times 750\text{mm}$；称重传感器为 CZ1000 型，其称重范围为 $0 \sim 500\text{g}$，精度为 0.1g。

其工作流程如下：由鼓风机供给的气流，在经过转子流量计的计量与电加热器的预热处理后，穿越流化床的空气预分布板，与床层内湿物料实现流态化接触以完成干燥过程。随后，废气自干燥装置顶端释放，并通过袋式过滤器滤除微粒后排放至环境。利用安装于床层中央的"推拉式"采样装置来收集样品。随着干燥作业的持续，物料所释放的水分被称重传感器捕捉并转化为电信号，实时显示在智能数字显示屏上，便于按预设时间间隔记录湿物料的质量变化。

本次实训选用的湿物料包括分子筛、吸水性硅胶以及绿豆等。具体是在固定空气流量和

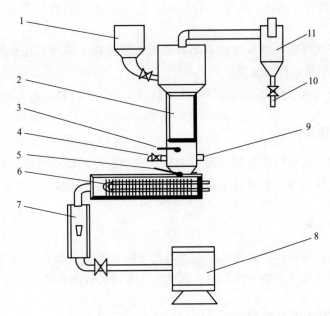

图 6-4 流化床干燥实训装置结构图

1—加料斗；2—床层（可视部分）；3—床层测温点；4—取样口；5—出加热器热风测温点；

6—电加热器（额定功率 2kW）；7—转子流量计；8—鼓风机（220VAC，最大风量 95m³/h，

550W）；9—出风口；10—排灰口；11—旋风分离器

温度下，测量和绘制各湿物料的干燥曲线、干燥速率曲线，并测定其临界含水率。为确保实训顺利进行，需配备分析天平 1 台，以及 25mL 烧杯 10 个。

6.4 ▶ 流化床干燥操作实训

6.4.1 实训准备

① 准备 0.5～1kg 的湿物料样本，例如分子筛或吸水性硅胶，先将其置于 60～70℃的温水中浸泡 30min，以充分润湿。随后，使用干燥毛巾轻轻擦拭物料表面，去除多余水分，之后置于一旁备用。接着，挑选出 50 颗大小均匀一致的初始湿物料样本，并使用称重工具进行质量测量。

② 接通总电源，随后启动风机系统，并精细调整风量至 40～60m³/h，确保风量稳定维持在设定值。

③ 接通仪表系统的电源开关，启动电加热器进行预热。通过旋转加热控制旋钮，设定适宜的加热电压水平，以确保流化床进口区域的温度能够稳定维持在 60～80℃。

6.4.2 流化床干燥实训

① 调整风量至 40～60m³/h，并确保其在此范围内保持稳定的状态。

② 一旦流化床层温度稳定在 60～80℃，即可迅速通过加料斗将湿物料投入至流化床中进行干燥处理。

③ 按照 2min 的时间间隔，从流化床中取出大约 50 颗物料进行称重，同步记录当前床层的温度数据。

④ 持续进行上述操作，直至观察到物料的质量变化趋于平缓，几乎不再有明显减轻的趋势，此时可判断干燥过程已完成。

⑤ 通过调整空气流量和温度的设置，重复执行上述实训步骤，并记录每次实训的数据。

6.4.3 流态化实训

① 预先干燥完成的物料质量约为 0.5~1kg，将其通过加料斗缓缓加入流化床层之中。

② 逐步增大空气流量，观察并记录床层内物料由静态向流态化转变的情况。

6.4.4 实训结束

① 关闭电加热器电源，待流化床层温度自然下降至大约 50℃ 后，再关闭风机系统。

② 利用吸尘器将床层中的干燥物料全部移除，确保装置内部清洁无残留。

6.4.5 安全操作注意事项

在进行实训时，务必遵循先启动风机后开启电加热器的操作流程，以防止因加热元件在无风冷却状态下工作而可能导致的过热烧坏。

6.5 ▶ 流化床干燥障碍排除实训

在正常干燥操作中，由教师给出隐蔽指令，通过不定时改变某些阀门、风机、电加热器等的工作状态来扰动干燥系统正常的工作状态，这样可模拟出实际生产过程中的常见故障，学生根据各参数的变化情况、设备运行异常现象，分析故障原因，找出故障并动手排除故障，以提高学生对工艺流程的认识度和实际动手能力。学生在完成障碍排除后，提交书面报告，详细记录障碍现象、原因分析、解决方案和操作过程，教师根据学生的操作表现和报告内容进行障碍排除考核。

（1）物料堵塞导致的流化不畅障碍排除实训

在正常干燥操作中，由教师给出隐蔽指令，在流化床中加入一定量的易结块或易粘连的物料，模拟物料堵塞的情况。开启实训装置，观察物料在流化床中的流动状态，记录干燥器内温度的变化、空气流量的波动以及物料干燥度等干燥设备的关键参数变动。分析物料堵塞的原因，通过调整物料配比、优化操作条件（如调整气流速度、温度等）等措施，消除物料堵塞现象。

（2）温度控制失灵导致的过热或过冷障碍排除实训

在正常干燥操作中，由教师给出隐蔽指令，人为设置温度控制器的故障，例如调整温度传感器的位置使其无法准确测量温度。学生开启实训装置，进行流化床干燥实训。观察并记录干燥室内温度的变化情况，以及干燥设备的关键参数变动，包括气流流量以及系统压力降等，通过细致分析这些参数的变化趋势，识别出导致系统偏离正常工况的根本原因。随后，根据观察到的现象，分析温度控制失灵的原因。检查温度传感器是否损坏或位置不当，调整其位置或更换新的传感器，确保温度能够稳定在设定范围内，且物料干燥效果良好。

（3）风量波动大障碍排除实训

在正常干燥操作中，教师隐蔽地改变风机的运行模式（例如启动风机后同步开启放空阀，使空气进行旁通放空而非直接进入干燥系统）。学生则需紧密监视干燥设备的关键参数变动，包括温度、气流流量以及系统压力降等，通过细致分析这些参数的变化趋势，识别出导致系统偏离正常工况的根本原因。随后，学生需根据分析结果采取相应的应对措施，旨在迅速且有效地恢复干燥系统的稳定运行至预设的正常操作状态。

（4）电加热器断电障碍排除实训

在正常干燥操作中，教师隐蔽地突然关闭电加热器，以此模拟空气预热器工作状态的改变。学生需要密切关注干燥装置的多项关键参数，如干燥器内温度的变化、空气流量的波动以及物料干燥度的即时反馈，通过观察并记录这些参数的细微变动来深入剖析系统出现异常的内在原因。随后，学生需基于自己的分析判断，采取恰当的应对措施，旨在迅速识别问题并恢复干燥系统至其原来的正常运行状态。

6.6 ▶ 实训数据记录

实训数据记录表见表 6-1。

表 6-1 流态化与流化床干燥操作实训数据记录表

序号	风量：_____ m^3/h			风量：_____ m^3/h		
	时间/min	湿物料质量/g	床层温度/℃	时间/min	湿物料质量/g	床层温度/℃
1						
2						
3						
4						
5						
6						
7						
8						
9						
...						

（1）绘制干燥曲线（瞬间含水率-时间关系曲线，X-τ）

（2）根据干燥曲线绘制干燥速率曲线（U-X）

（3）读取物料的临界含水率 X_C

（4）异常情况记录及处理

（5）障碍排除型操作

思考题

（1）流化床干燥与洞道干燥各自有何特点？

（2）改变气体流速过程中，固体颗粒床层会呈现哪些不同的状态？流化床的特点有哪些？

（3）流态化曲线的测定方法有哪些？什么是临界流化速度？其获得方法有哪些？

（4）为什么在操作中，要先开鼓风机送风，而后再通电加热？

（5）流态化干燥的优点有哪些？如何确定流态化干燥实训中所用空气流量？

（6）空气的进口温度是否越高越好？

（7）空气流量或温度对恒定干燥速率有什么影响？

（8）临界含水率，在实际干燥操作中有何应用意义？

（9）恒速干燥阶段与降速干燥阶段的机理有何不同？

（10）实训过程中床层温度是如何变化的？为什么？

（11）若加大热空气流量，干燥速率曲线会有何变化？

（12）在 70～80℃ 的空气流中干燥，经过相当长的时间，能否得到绝对干料？

第7章
动态变压吸附制取富氧及障碍排除实训

 导读

　　成都华西化工科技股份有限公司在炼厂干气尾气提氢方面成功应用了变压吸附。炼厂干气尾气是石油化工生产过程中产生的副产品，如催化裂化干气、焦化干气等。这些尾气中富含氢气资源，但传统上往往被忽视或低效利用，甚至直接燃烧或排放，既浪费了资源又可能对环境造成负面影响。该公司的提氢技术正是针对这一问题，采用特制的吸附剂和先进的吸附床层设计，利用吸附剂对不同种类气体组分的吸附能力差异以及在不同压力下对气体组分的吸附容量差异，确保尾气中的杂质能够高效、稳定地被吸附和分离，从而获得高纯度的氢气。该技术的应用不仅提高了氢气的产量和纯度，还显著降低了生产过程中的能耗和排放，展示了变压吸附技术在化工生产中的良好应用前景。

7.1 ▶ 实训背景

7.1.1 吸附的基本概念

　　物质表面对气体或液体分子的附着现象，可定义为吸附作用。对吸附现象的专业界定涵盖了物质组分在界面区域的集中增加（正吸附，亦称简单吸附）或相对减少（负吸附）的现象。其机制在于，当两种不同相态的物质构成一个系统时，它们之间界面处的成分分布与各自内部存在显著差异。这种差异源于界面上异相分子间的相互作用力不同于各自主体内部分子间的力，从而导致界面附近流体分子的浓度高于或低于其主体区域的浓度，进而引发吸附效应。此过程在界面处造成的物质积累，即为吸附；而被吸附的原子或分子重新释放回原液相或气相的逆过程，则定义为解吸。在界面层，那些被吸附的物质称为吸附质，而提供吸附表面的物质则称为吸附剂。

　　依据吸附质与吸附剂间作用力的性质差异，吸附过程可分为物理吸附与化学吸附两种基本类型。

　　物理吸附源于吸附剂与吸附质分子间相互吸引力的共同作用。鉴于这种吸引力相对较弱，吸附质在特定条件下易于从吸附剂表面解吸。以固体与气体相互作用为例，当固体表面对气体分子的引力超越了气体内部分子之间的引力时，气体会在固体表面凝结，形成吸附层。当吸附过程达到动态平衡时，吸附在固体表面的气体分子的蒸气压将等同于其在气相环境中的分压。本实训中所涉及的变压吸附过程，正是基于这种物理吸附机制。

化学吸附源于吸附质与吸附剂分子间化学键的形成。与物理吸附相比，化学吸附中的结合力更为强大，伴随的热量释放也更为显著，其量级可媲美一般的化学反应热。由于化学键的牢固性，化学吸附过程往往呈现出不可逆的特性。在催化反应中，化学吸附扮演着重要的角色。

当前工业生产实践中，吸附过程主要包括以下几种类型：

变温吸附（temperature swing adsorption）：首先在低温条件下进行吸附作业，随后提升操作环境的温度，促使吸附质从吸附剂上解吸。这一过程中，常采用水蒸气直接加热的方式对吸附剂进行升温，使其上的吸附质得以释放并与冷凝后的水蒸气分离。之后，吸附剂经历间接加热干燥及冷却等阶段，完成整个变温吸附过程，实现吸附剂的重复利用。

溶剂置换（solvent exchange）：在恒定的温度和压力条件下，利用溶剂对已达饱和状态的吸附剂进行冲洗，以此将吸附质从床层中置换出来，同时使吸附剂恢复其吸附能力，实现再生。此过程中，常用的溶剂种类广泛，包括水、有机溶剂等，它们可以是极性或非极性的。

变压吸附（pressure swing adsorption）：亦称等湿度吸附或无热再生吸附，是一种基于系统压力变化的新型气体吸附分离技术，其核心在于通过调整系统操作压力来实现吸附与解吸的循环过程。依据压力变化的差异，该过程可细化为多种模式，包括常压吸附-真空解吸、加压吸附-常压解吸、加压吸附-真空解吸等模式。针对特定的吸附剂而言，系统内的压力变动幅度增大，往往能更有效地促进吸附质的分离。具体而言，在恒温状态下，增加系统压力能提升吸附剂的吸附容量；相反，降低系统压力则会导致吸附容量减少，此时吸附质被释放，吸附剂自行再生。在此过程中，减压操作（如降至常压或进行真空处理）足以促使吸附剂释放被吸附的气体，而无须外部热源的介入。

变压吸附技术之所以广受青睐，在于其诸多显著优势：首先，随着压力上升，吸附剂对目标吸附质的吸附容量会显著增加，反之，在压力降低时，吸附量则相应减少，这一特性为高效分离提供了基础；其次，该技术能够生产出高纯度的产品；再次，其操作环境温和，通常在室温及相对较低的压力条件下即可完成，且在床层再生阶段无须额外加热；从次，从设备角度来看，变压吸附系统构造相对简单，日常操作与维护也更为便捷；最后，该技术能够实现连续循环作业，并完全融入自动化控制体系，极大地提升了生产效率。变压吸附技术已在空分制氧、氮气与烃类气体，水蒸气制氢以及炼油厂副产气制氢等多个领域展现出了其广泛的适用性。

7.1.2　变压吸附的基本过程

在变压吸附工艺中，通常采用固态物质作为吸附剂，而以气态形式存在的物质则作为被吸附对象（吸附质）。该过程依赖于固定床布局及至少双吸附床系统的配置，通过交替执行吸附与再生步骤，维持整个分离流程的循环与连续性。如图 7-1 所示，吸附等温线揭示了吸附量随分压变化的趋势，显示出在压力升高时吸附量递增，而减压操作则促进吸附质分子的部分解吸，为达到更彻底的脱附效果以实现吸附剂

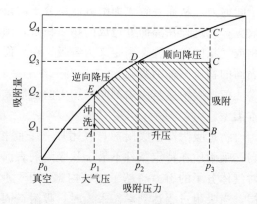

图 7-1　变压吸附的基本过程（常压解吸）

的再生，常辅以真空抽取技术。

变压吸附循环的环节可概括为以下三步。

① 升压吸附阶段：在此阶段，吸附床被置于较高的吸附压力下，随后通入混合气体。由于吸附剂的选择性，混合气体中的强吸附组分被优先捕获，而弱吸附组分则作为流出相从床层末端排出。

② 降压脱附阶段：基于吸附组分的特性，采用调节压力（如降至大气压或更低，甚至结合真空抽取）、产品冲洗或置换等手段，促使吸附剂表面吸附的组分释放，实现吸附剂的再生。此阶段常从减压到大气压力开始，随后可能进一步应用真空技术或置换以增强脱附效果。

③ 升压阶段：一旦吸附剂完成再生，就利用弱吸附组分对吸附床进行渐进式加压，直至恢复至预设的吸附压力水平，为下一轮吸附作业做好充分准备。

值得注意的是，变压吸附技术巧妙利用了加压吸附与减压解吸的交替进行，由于循环周期紧凑，吸附过程中产生的热量难以迅速散失，这部分热量在解吸过程中可以有效利用，从而确保了吸附床温度波动的微小性，通常仅有几摄氏度的变化。因此，整个过程可视为近似等温操作。

本实训变压吸附制氧技术的机理在于利用分子筛材料对气体混合物内不同组分展现出的差异化吸附能力（图 7-2），以及其吸附容量随操作压力变化而变化的特性。如图 7-3 所示的吸附等温线清晰揭示了压力与吸附量之间的动态关系，在吸附平衡条件下，分子筛展现出对氮气的优先亲和力。进一步地，当系统压力升高时，分子筛对氮气的吸附容量也相应增加。为了实现分子筛的脱附与再生，关键在于调控操作压力，基于这种"加压吸附、减压脱附"的循环机制，高效地实现了 O_2 与 N_2 的分离目标。

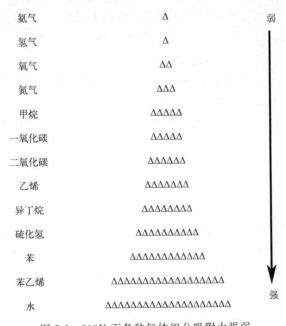

图 7-2 298K 下各种气体组分吸附力强弱

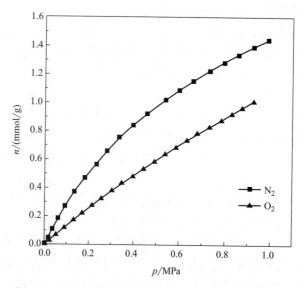

图 7-3 298K 下氧气和氮气在分子筛上的吸附等温线

7.1.3 常用的吸附剂种类及选择原则

固体物质均有一定的吸附潜能，然而，唯有那些展现出高度选择性和卓越吸附容量的固体，方能在工业吸附领域作为高效的吸附剂被广泛应用。这类材料包括活性白土、硅胶、活性氧化铝、活性炭、碳分子筛以及合成沸石型分子筛等。

吸附剂的性能对于吸附分离工艺的技术可行性与经济效益而言，具有至关重要的决定性影响。因此，在选择适宜的吸附剂时，通常需遵循以下原则：

① 优先选择那些能够在特定条件下达到较大吸附容量的材料，一般而言，具有较大比表面积的吸附剂往往具备更强的吸附能力。

② 吸附剂需具备优异的吸附选择性，确保所选吸附剂能够高效且特异性地针对目标物质进行吸附，以减少杂质干扰，提高分离纯度。

③ 理想的吸附剂应易于通过温度或压力的变化实现吸附质的快速脱附，即其平衡吸附量应对这些条件变化敏感。

④ 吸附剂须具备良好的机械强度和耐磨性，以确保在长期使用过程中保持稳定的性能，同时要求床层压降低，以减少能耗并提高整体工艺效率。此外，成本效益也是不可忽视的因素，即在满足上述性能要求的前提下，选择价格相对合理的吸附剂。

在变压吸附系统中，吸附床层往往包含至少两层不同类型的吸附剂。其中，紧邻进料入口的层级被特别命名为"预处理"吸附剂，其主要职责是预先清除进入系统的空气中的水分与二氧化碳。氧化铝常被用作此层级的首选吸附剂，但实践中发现，其与后续吸附剂层间的界面区域易形成一个低温区——"冷点"，该区域对整体吸附剂的再生构成不利影响。随着对"冷点"研究的深入，业界逐渐采用 NaX 型沸石分子筛替代氧化铝，因其展现出更高的氧、氮吸附容量及更大的吸附热效应，有助于降低"冷点"带来的不利影响。目前，已研发出吸附容量进一步提升的 NaX 型吸附剂变体，旨在进一步削弱"冷点"效应。

而位于吸附床层靠近产品出口端的第二层，则扮演着"主吸附剂"的角色，专注于氧气与氮气的有效分离。此层级通常采用具有氮气优先吸附特性的沸石分子筛。值得注意的是，在某些应用场景下，NaX 型分子筛既能胜任主吸附剂的角色，也能作为预处理吸附剂使用。然而，在变压吸附法制氧的广泛实践中，CaA 型沸石分子筛因其卓越的性能而成为了最常用的选择。为持续提升分子筛的吸附效能，科研人员不断探索并开发出新型分子筛材料，CaX 型沸石分子筛即为其中之一。而当前，在吸附选择性方面表现最为优异的，当属 LiX 型与 MgA 型沸石分子筛。

7.1.4　吸附剂再生

吸附剂的再生，即吸附质脱附过程，对于确保吸附分离技术的经济性和高效性至关重要。除了要求吸附剂本身具备优异的吸附选择性外，其再生能力同样是需要重点考量的因素。为了实现这一目标，常见的策略包括提升环境温度或减小气相环境中吸附质的分压，促使吸附质以原始状态从吸附剂表面释放回到气相或液相中，凸显了物理吸附过程的可逆特性。正是基于物理吸附的这种可逆特性，吸附分离技术能够有效地实现混合物的分离提纯。吸附剂的再生程度关系到其后续吸附能力的强弱以及最终产品的纯度。同时，再生所需的时间也是决定吸附剂循环使用周期长短的关键因素之一，进而影响到吸附剂的整体效率。

7.1.5　穿透特性曲线分析

在吸附剂用量、操作压力及气体流动速率均恒定的条件下，适合的吸附时间可通过分析吸附柱的穿透特性曲线来界定。穿透特性曲线描绘了吸附过程中出口流体中目标吸附质浓度随时间变化的趋势，其形态往往呈现为典型的 S 形，如图 7-4 所示。在曲线的初始阶段，即下拐点（标记为 a 点）之前，出口流体中吸附质的浓度维持在一个相对稳定的低水平，远低于预设的允许浓度阈值，此阶段内产出的流体被视为合格产品。然而，一旦越过下拐点，

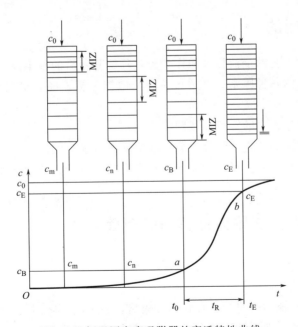

图 7-4　恒温固定床吸附器的穿透特性曲线

吸附质的浓度便开始逐渐上升，这一趋势持续至曲线的上拐点（b 点），此时出口浓度已趋近于进口浓度，标志着吸附床层接近饱和状态。因此，下拐点（a 点）常被定义为穿透点，而上拐点（b 点）则作为饱和点。值得注意的是，饱和点的具体判定通常依据吸附质出口浓度达到进口浓度的 95％ 来进行，而穿透点的浓度则需依据实际产品的质量要求确定，一般略高于目标浓度值。

本实训要求最终产品中的 O_2 浓度必须高于 90％，等同于要求 N_2 浓度不得高于 10％。基于此，这里将 N_2 浓度的阈值设定为 9％～10％ 之间。在实际生产操作中，为确保产品质量达标，吸附柱的有效工作区间应严格限定在此穿透点之前。因此，界定穿透点（标记为 a 点）的位置，成为了吸附过程研究中不可或缺的重要内容。

穿透点对应的时间点（记为 t_0）不仅提供了吸附装置最佳操作时间的参考，还是评估吸附剂动态吸附容量的关键指标。动态吸附容量对于指导吸附装置的设计与放大生产具有至关重要的意义。

动态吸附容量即从吸附开始直到穿透点（a 点）的时段内，吸附质被单位质量的吸附剂吸附的质量（即：吸附质的质量/吸附剂的质量），如式(7-1) 所示。

$$G = \frac{V t_0/60(c_0 - c_B)}{m} \tag{7-1}$$

式中　G——动态吸附容量（氮气质量/吸附剂质量），g/g；

　　　V——体积流量，mL/min；

　　　t_0——达到穿透点的时间，s；

　　　c_0——吸附质的进口浓度，g/mL；

　　　c_B——穿透点处，吸附质的出口浓度，g/mL；

　　　m——分子筛吸附剂的质量，g。

7.2 ▶ 实训目的

① 熟悉变压吸附工艺的全流程及操作步骤，理解其背后的基本原理与机制。

② 剖析影响吸附的各种因素，并通过实训与数据分析，确立出实现高效吸附制氧的最优操作参数。

③ 绘制变压吸附过程中的穿透曲线图。

④ 借助对穿透曲线的分析，计算出分子筛的动态吸附容量。

⑤ 理解吸附压力与气体流量等操作参数对吸附剂穿透时间及动态吸附容量的具体影响。

7.3 ▶ 动态变压吸附制取富氧装置简介

7.3.1 装置结构

在变压吸附制氧系统的构建中，存在两种策略：一为高压吸附结合常压再生的模式，即遵循常压再生技术；另一则是基于略高于常压的环境进行吸附，随后通过真空环境实现再生的方法，这被称为真空再生技术。

本实训选取了常压再生技术作为实施方案，该方案以空气作为原料气体，并采用碳分子筛作为吸附剂。实训依托于变压吸附的原理，利用分子筛内部精细的微孔结构对气体成分进行选择性地捕获，从而实现空气中氮气与氧气的有效分离。

实训所依托的装置流程图见图 7-5，该体系整合了多种设备，其中空气压缩机提供持续的气源，空气过滤罐确保原料气的纯净度，空气储罐用于稳定气流供应，分子筛吸附罐为核心分离单元，氮气储罐收集分离后的氮气产品，流量计监控气体流量，氧气分析仪精确测量氧气浓度，自动阀门与自动控制箱则协同作业，实现整个流程的自动化监控与调节。该装置主要分为设备、仪表、阀门等，其主要设备和主要仪表如表 7-1 所示，主要阀门如表 7-2 所示。

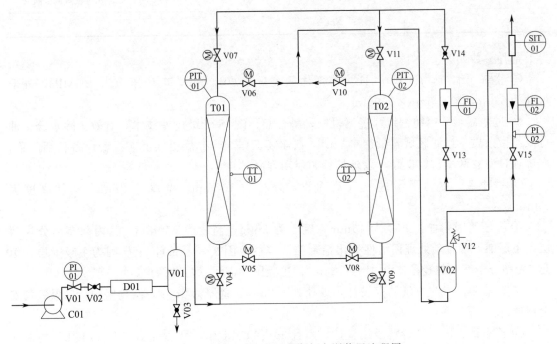

图 7-5　动态变压吸附制取富氧实训装置流程图

表 7-1　主要设备和仪器一览表

项目	位号	名称	项目	位号	名称
主要设备	C01	空气压缩机	主要仪器	PI01	减压阀上压力表
	D01	过滤器		PI02	出气压力表
	V01	缓冲罐		PIT01	吸附柱 1 压力传感器
	V02	产品罐		PIT02	吸附柱 2 压力传感器
	T01	吸附柱 1		TT01	吸附柱 1 温度传感器
	T02	吸附柱 2		TT02	吸附柱 2 温度传感器
				FI01	吹气流量计
				FI02	出气流量计
				SIT01	氧气分析仪

表 7-2　主要阀门一览表

序号	位号	设备阀门功能	序号	位号	设备阀门功能
1	V01	减压阀	9	V09	吸附柱 2 进气阀
2	V02	主气路排气阀	10	V10	吸附柱 2 出气阀
3	V03	缓冲罐排水阀	11	V11	吸附柱 2 吹气阀
4	V04	吸附柱 1 进气阀	12	V12	产品罐安全阀
5	V05	吸附柱 1 放空阀	13	V13	吹气流量调节阀
6	V06	吸附柱 1 出气阀	14	V14	吹气流量计保护阀
7	V07	吸附柱 1 吹气阀	15	V15	出气流量调节阀
8	V08	吸附柱 2 放空阀			

部件参数如下。

① 空气压缩机：750W，24L，溶剂体积流量为 60L/min，工作压力为 0.8MPa，外形尺寸为 570mm×250mm×550mm。

② 过滤器：采用精密级联过滤机制，融合 Q、P、S 三级过滤技术，有效去除水分、油分及细微杂质。过滤区域容量达 1.5m³，在连续工作 3000h 后更换滤芯。若设备长期闲置，应确保过滤器两端密封良好，以延长滤芯使用寿命。

③ 缓冲罐：专为平衡进气气流而设，外径为 102mm，壁厚达 2mm，整体高度为 290mm。

④ 分子筛吸附柱：外径为 45mm，壁厚为 3mm，高度为 750mm。其内部布局分为两层，下层铺设少量预处理用活性氧化铝颗粒（粒径范围 2～4mm），上层则为主吸附层，填充 5A 型分子筛（粒径范围 0.4～0.8mm），主吸附层需注意防潮保护。

⑤ 产品罐：专为氧气储存设计，外径为 102mm，壁厚为 2mm，结构坚固，确保氧气安全存储。

⑥ 流量计：配置 2 台转子流量计，一台 30～300mL/h，另一台 10～100mL/h，均能在低于 0.2MPa 的工作压力下稳定运行。

⑦ 氧气分析仪：采用 220V 电源供电，测量范围覆盖 0～99.99% 的氧气浓度；工作环境温度为 -10～50℃；环境湿度需控制在 85% 以下，控制精度为 0.01%；采用卡入式设计，工作压力限制在 0.1MPa 以下。

⑧ 气动控制阀：规格为 DN8 接口搭配 AT40 执行器，配套的电磁阀型号为 4M310-08，采用 AC 220V 电源供电。

⑨ 自动化控制柜：集成一体化触控显示屏电脑，预装测控软件，配备智能仪表、按钮开关等组件。

气体供应系统的核心组件为空气压缩机，该设备负责生成变压吸附系统所需的压缩空气，确保整个系统能够顺畅且高效地运行。其供气压力需维持在 0.8MPa 的水平，同时供气温度需控制在 45℃ 以下。此外，为了维护系统内部环境的清洁度，对设备运行的物理环境也提出了相应的洁净度要求。关于空气压缩机的具体安装步骤、操作规范及日常维护方法，请参阅空气压缩机使用说明书。

7.3.2　工艺流程

压缩空气由空气压缩机增压后，流经干燥装置以消除可能附带的冷凝液态水、油分及残余杂质，随后进入缓冲罐，接着自底部进入吸附柱。在吸附柱内部，下部设置有一层活性氧化铝层，用于初步吸附可能残留的水分；而上部则填充高效 5A 型分子筛。当处理后的空气穿越分子筛层时，其中的 N_2、CO_2、C_2H_2 及残余水分被有效吸附，而 O_2 则得以富集并向上流动，最终通过管道收集至氧气产品罐中。

在吸附柱 1（柱 1）执行吸附任务的同时，吸附柱 2（柱 2）则进行降压再生操作，此过程中通过上部引入富含 O_2 的产品气流进行反向吹气，旨在清除吸附柱 2 内的残留 N_2，同时降低柱内 N_2 分压，促使分子筛内吸附的 N_2 解吸释放最大化。随着吸附过程的持续，柱 1 内部压力逐渐上升并伴随温度升高；相反，在解吸阶段，柱 2 内部压力和温度均会下降。当柱 1 的分子筛达到吸附饱和状态时，柱 2 已完成再生并准备就绪。随后，两者角色互换，柱 2 开始吸附作业，而柱 1 则转入再生阶段。如此循环往复，两柱交替运行，确保能够连续不断地产出富氧产品。

7.4 ▶ 动态变压吸附制取富氧操作实训

7.4.1　实训准备

① 检验空气压缩机、吸附装置与计算机控制系统之间的连接完整性及稳固性。

② 向空气压缩机供给电力，并启动吸附装置上的主电源开关。

③ 启动并登录操作软件，随后进入"设置"界面，设定实训所需的参数，包括数据采集的间隔时间，以及确认吸附剂的质量是否与当前实训装置相匹配。若遇到与当前装置要求不符的参数，可进行适当调整。

④ 启动散热风扇，并手动打开空气压缩机出口处的控制阀门。

⑤ 氧气分析仪校准：

a. 在准备工作阶段，移除传感器顶端的密封橡胶帽，利用吸气球通过氧电极的两个接口中的任意一个，反复注入清洁空气，之后将吸气球取下。

b. 打开软件后，待倒计时完成，仪器将自动转入测量模式，并稳定运行 $3 \sim 5$ min。此时，长按"确认"按钮持续 5s，仪器将自动校准至标准氧气浓度 21.00%（本设备采用先进的芯片自动计算技术获取校准值，因此在校准过程中，环境温度或气压的微小波动导致的读数轻微变化，并不会对测量精度造成影响，可安心使用）。

c. 将经过净化处理的目标气体（流量控制在 $20 \sim 500$ mL/min 范围内）的输出软管，连接到氧电极的任意一个接口上，同时确保氧电极的另一个接口保持畅通无阻，避免被手或其他物体堵塞，以防止因压力累积而损坏氧电极。

7.4.2　出气流量 80mL/min 下的吸附

（1）吸附柱 1 吸附（0.4MPa，80mL/min）

吸附柱 1 吸附的同时，吸附柱 2 放空、吹气冲洗，具体分为如下 6 个步骤。

① 软件配置：在软件界面中，输入实训所需的各项参数，具体包括吸附压力值、出气流量值及吹气流量值。

② 空气压缩机操作

a. 系统供气流程：首先，开启主气线路的排气阀门，随后调整主气线路的减压阀，确保系统输出压力维持在约 0.4MPa（表压）。

b. 气动阀供气调节：打开分支气线路的排气阀门，并精细调整分支气线路的减压阀，直至其输出压力达到 0.55MPa。

③ 吸附柱 1 的加压过程

a. 首先，在控制柜面板上打开吸附柱 1 的进气阀门，开始对吸附柱 1 进行加压，直至其内部压力达到预设的吸附压力值 0.4MPa。

b. 随后，在控制柜面板上开启吸附柱 1 的出气阀门，并利用出气流量调节装置（即出气流量计的旋钮），调整出气流量至 80mL/min。在此调节过程中，需持续监控控制柜面板上的压力表，确保压力值不超过 0.1MPa。

④ 启动吸附：在监控与控制软件界面双击"开始采集"选项，设定吸附时长为 600s。软件将依据预设的时间间隔（此间隔可根据实训需求在软件内自由设置，例如每 10 秒记录一次）自动记录温度、吸附压力以及氧气分析仪实时读取的数据，可以以此绘制出穿透曲线。

⑤ 在吸附柱 1 进行吸附作业的同时，开展吸附柱 2 的放空和吹气清洁工作，具体如下：

a. 开启吸附柱 2 的放空阀门，使柱内压力逐步释放至零。

b. 打开吸附柱 2 的吹气阀门，并同时开启吹气流量计保护阀（此阀设计旨在保护吹气流量计免受异常压力影响）。随后，通过调节吹气流量调节阀与吹气流量计的旋钮，将吹气流量控制在 40mL/min，持续吹气 30s。

c. 吹气完成后，依次关闭吹气流量调节阀、吹气流量计的调节旋钮、吹气流量计保护阀、吸附柱 2 的吹气阀门及放空阀门。

⑥ 当吸附柱 1 的吸附作业结束后，及时在软件界面点击"停止采集"按钮。随后，关上与吸附柱 1 相关的阀门与流量计调节装置，包括吸附柱 1 的进气阀门、出气流量调节阀、出气流量计保护阀、出气阀门以及出气流量计的调节旋钮。

（2）吸附柱 1、吸附柱 2 均压 2s

依次打开吸附柱 1 吹气阀和吸附柱 2 吹气阀，2s 后依次关闭吸附柱 1 吹气阀和吸附柱 2 吹气阀。通过开关吹气阀，系统能保持压力平衡，确保各吸附柱协调运行。

（3）吸附柱 2 吸附（0.6MPa，80mL/min）

吸附柱 2 吸附的同时，吸附柱 1 放空、吹气冲洗，具体分为如下 6 个步骤。

① 软件操作：在监测与控制软件中，录入实训所需的各项参数。这些参数包括吸附压力值、出气流量及吹气流量。

② 空气压缩机操作

a. 系统供气：首先，开启主气线路的排气阀门，随后调整主气线路减压阀，以确保输出压力能够稳定维持在大约 0.6MPa（表压）的水平。

b. 气动阀供气调节：打开分气线路的排气阀门，并调整分气线路减压阀，直至其输出压力达到 0.55MPa（表压）。

③ 吸附柱 2 加压

a. 在控制柜面板上启动吸附柱 2 的进气阀门，开始对吸附柱 2 进行加压，直至其内部压力达到预设的吸附压力值 0.6MPa。

  b. 在控制柜面板上开启吸附柱 2 的出气阀门，并利用出气流量调节装置（即出气流量计的旋钮）进行微调，确保出气流量稳定在 80mL/min。在此调节过程中，需密切关注控制柜面板上的压力表，保持其读数不超过 0.1MPa，同时使得吸附柱 2 压力稳定在 0.6MPa。

  ④ 启动吸附：在监测与控制软件上执行"开始采集"命令，设定吸附时间为 600s。软件将依据预设的时间间隔（此间隔可根据实训需求在软件中灵活调整，如每 10s 记录一次）自动记录温度值、吸附压力读数以及氧气分析仪的实时数据，以便绘制穿透曲线。

  ⑤ 在吸附柱 2 进行吸附作业的同时，执行吸附柱 1 的放空与吹扫清洁工作：

  a. 开启吸附柱 1 的放空阀门，使柱内压力逐步释放至零，完成放空过程。

  b. 打开吸附柱 1 的吹气阀门，并同步启动吹气流量计保护阀（此装置旨在防止吹气流量计因异常压力而受损）。通过调节吹气流量调节阀与吹气流量计的调节旋钮，将吹气流量设定为 40mL/min，持续吹气 30s。

  c. 吹气结束后，依次关闭吹气流量调节阀、吹气流量计的调节旋钮、吹气流量计保护阀、吸附柱 1 的吹气阀门及放空阀门。

  ⑥ 当吸附柱 2 的吸附作业结束后，在软件界面上点击"停止采集"按钮以停止记录。随后，关闭与吸附柱 2 相关的所有阀门与流量计调节装置，包括吸附柱 2 的进气阀门、出气流量调节阀、出气流量计保护阀、出气阀门以及出气流量计的调节旋钮。

  （4）吸附柱 1、吸附柱 2 均压 2s

  依次打开吸附柱 1 吹气阀和吸附柱 2 吹气阀，2s 后依次关闭吸附柱 1 吹气阀和吸附柱 2 吹气阀。

7.4.3 出气流量 120mL/min 下的吸附

  调节出气流量为 120mL/min，测定不同流量下的穿透曲线，实训步骤与 7.4.2 类似。

7.4.4 实训结束操作

  ① 在完成所有测量步骤后，首先关闭空气压缩机的主气路排气阀与分气路排气阀，随后停止空气压缩机的运行。

  ② 对吸附柱 1 和吸附柱 2 进行放空操作。首先，依次开启吸附柱 1 和吸附柱 2 的放空阀门，确保两者内部压力均完全释放至零后，再关闭相应的放空阀门。

  ③ 关闭散热风扇，随后退出并关闭测控软件，再执行电脑的关机操作，最后切断整个系统的总电源供应。

  ④ 可以从系统中导出所需数据，或者直接在测控软件内进行数据的分析与处理工作。

  ⑤ 为保护氧气传感器，在完成实训后，需要从传感器头部小心拔出气体出口管，并迅速安装橡胶密封套塞。

7.4.5 注意事项

  ① 在实训操作中，鉴于氧气分析仪的安全承压上限为 0.1MPa，同时转子流量计的工作压力限制在 0.2MPa 以内，因此调整气体流量时，务必监控控制柜面板上的压力值，确保其维持在 0.1MPa 以下。

② 当氧气分析仪经历断电重启后，需执行校准步骤以确保测量准确性：重启前，通过吸气球向设备内注入新鲜空气；开机后，等待读数稳定大约 3～5min 后，长按"确认"键持续五秒，仪器将自动调整至标准氧气浓度 21.00%，完成校准过程。氧气分析仪非使用期间，建议使用橡胶密封套塞覆盖传感器头部，以减少外部环境对氧电极的不必要损耗。

③ 鉴于转子流量计的工作压力限制在 0.2MPa 以内，必须谨慎操作吹气流量计保护阀，仅在吹气时开启此阀，其余时间保持关闭状态，以防止后端压力异常升高。

④ 当装置处于非工作状态时，应关闭所有阀门，以切断空气流通，防止干燥器内部的滤芯及吸附柱中的吸附剂因长时间暴露于空气中而失效。

⑤ 为确保过滤器的持续高效运行，建议每累计工作 3000h 后更换一次滤芯，以维持其过滤性能。

⑥ 吸附剂的有效期通常为 2 年左右，一旦遇水便可能失效。因此，需要定期检查吸附剂状态，当动态吸附容量下降 20% 时，应立即更换新的吸附剂。

⑦ 为了防止氧气富集环境下的爆炸，禁止油脂等易燃物接触氧气管道。

7.5 ▶ 动态变压吸附制取富氧障碍排除实训

在常规的动态变压吸附制取富氧过程中，教师隐蔽地通过不定时调整阀门、风机或泵的工作模式，人为制造系统运作的扰动，模拟真实生产环境中动态变压吸附制取富氧过程可能遭遇的典型故障。学生需基于监控到的各类参数的变化趋势以及设备运行的异常表现，深入分析故障根源，进而定位并手动排除这些故障，以加深对整个工艺流程的理解以及提升实践操作与问题解决的能力。学生在完成障碍排除后，提交书面报告，详细记录障碍现象、原因分析、解决方案和操作过程，教师根据学生的操作表现和报告内容进行障碍排除考核。

（1）氧气纯度持续低于 90%

该故障常见现象为氧气分析仪显示产品氧浓度始终低于 90%，且穿透曲线提前达到饱和点。其可能原因包括分子筛吸附剂受潮或老化、吸附压力未达到设定值、气体流量过高、吸附时间不足等。在动态变压吸附制取富氧流程的正常执行过程中，教师以一种隐蔽的方式发出指示，模拟分子筛吸附剂受潮或气体流量过高，最终使得制取的氧气纯度持续低于 90%。学生则需根据系统参数的动态变化，通过深入分析这些变化背后的逻辑，识别导致系统异常的根源，并据此采取适当的应对措施，以确保系统能恢复到其正常的操作状态之中。

（2）吸附柱压力异常波动

该故障常见现象为吸附柱压力无法稳定在设定值，波动幅度超过 ±0.05MPa。其可能原因包括空气压缩机供气不稳定或滤芯堵塞、控制阀门密封不严或卡滞、缓冲罐漏气或压力传感器故障。在动态变压吸附制取富氧流程的正常执行过程中，教师以一种隐蔽的方式发出指示，模拟控制阀门（如 V04、V09）密封不严，最终使得吸附柱压力异常波动。学生则需根据系统参数的动态变化，通过深入分析这些变化背后的逻辑，识别导致系统异常的根源，并据此采取适当的应对措施，以确保系统能恢复到其正常的操作状态之中。

（3）穿透曲线无明显拐点

该故障常见现象为穿透曲线呈现平缓上升趋势，无法明确区分穿透点和饱和点。其可能原因包括吸附剂装填不均匀、气体流量过低、吸附过程未达动态平衡等。在动态变压吸附制取取富氧流程的正常执行过程中，教师以一种隐蔽的方式发出指示，模拟气体流量过低现象，使得穿透曲线无明显拐点。学生则需根据系统参数的动态变化，通过深入分析这些变化背后的逻辑，识别导致系统异常的根源，并据此采取适当的应对措施，以确保系统能恢复到其正常的操作状态之中。

7.6 ▶ 实训数据记录

实训数据记录表见表 7-3～表 7-6。

实训环境：室温_____℃，大气压：_____MPa。

表 7-3　柱 1 变压吸附实训数据记录（1）

吸附压力：0.4MPa　　出气流量：80mL/min　　吹气流量：40mL/min

序号	吸附时间 /s	出口氧含量 (体积分数)/%	吸附柱 1 压力 /MPa	吸附柱 2 压力 /MPa	吸附柱 1 温度 /℃	吸附柱 2 温度 /℃
1						
2						
3						
4						
5						
...						

表 7-4　柱 2 变压吸附实训数据记录（1）

吸附压力：0.6MPa　　出气流量：80mL/min　　吹气流量：40mL/min

序号	吸附时间 /s	出口氧含量 (体积分数)/%	吸附柱 1 压力 /MPa	吸附柱 2 压力 /MPa	吸附柱 1 温度 /℃	吸附柱 2 温度 /℃
1						
2						
3						
4						
5						
...						

表 7-5　柱 1 变压吸附实训数据记录（2）

吸附压力：0.4MPa　　出气流量：120mL/min　　吹气流量：40mL/min

序号	吸附时间 /s	出口氧含量 (体积分数)/%	吸附柱 1 压力 /MPa	吸附柱 2 压力 /MPa	吸附柱 1 温度 /℃	吸附柱 2 温度 /℃
1						
2						
3						
4						
5						
...						

表 7-6 柱 2 变压吸附实训数据记录 (2)

吸附压力：0.6MPa   出气流量：120mL/min   吹气流量：40mL/min

序号	吸附时间 /s	出口氧含量 (体积分数)/%	吸附柱 1 压力 /MPa	吸附柱 2 压力 /MPa	吸附柱 1 温度 /℃	吸附柱 2 温度 /℃
1						
2						
3						
4						
5						
...						

① 对原始数据进行整理以获得穿透曲线数据，并填入到表 7-7 中（出口氮含量＝100％－出口氧含量－1％）。

表 7-7 出口含氮量记录表

序号	柱 1 吸附压力：0.4MPa 吸附温度： ℃ 出气流量：80mL/min		柱 2 吸附压力：0.6MPa 吸附温度： ℃ 出气流量：80mL/min		柱 1 吸附压力：0.4MPa 吸附温度： ℃ 出气流量：120mL/min		柱 2 吸附压力：0.6MPa 吸附温度： ℃ 出气流量：120mL/min	
	吸附时间 /s	出口氮含量 (体积分数) /%	吸附时间 /s	出口氮含量 (体积分数) /%	吸附时间 /s	出口氮含量 (体积分数) /%	吸附时间 /s	出口氮含量 (体积分数) /%
1								
2								
3								
4								
...								

② 根据实训数据，在同一张图上，标绘同一吸附压力下，两种气体流量下的穿透曲线。根据实训数据，在同一张图上，标绘同一流量下，不同吸附压力下的穿透曲线。

③ 若将出口氮含量为 10% 的点确定为穿透点，根据穿透曲线确定不同操作条件下穿透点出现的时间 t_0，记录到表 7-8 中。

表 7-8　穿透点出现时间以及动态吸附容量记录表

吸附剂质量：＿＿＿＿＿ g　　　穿透点出口氮含量：10%

序号	吸附压力 /MPa	吸附温度 /℃	实际出气流量 /(mL/min)	穿透时间 /s	动态吸附容量 /(g/g)	吸附柱备注
1						柱 1
2						柱 2
3						柱 1
4						柱 2

动态吸附容量 G 的计算公式如下：

$$G = \frac{V_N t_0 / 60 (c_0 - c_B) \times \dfrac{28}{22.4 \times 1000}}{m} \tag{7-2}$$

$$V_N = \frac{T_0 p}{T p_0} V$$

式中　　　　G——动态吸附容量（氮气质量/吸附剂质量），g/g；

V_N——标准状态下的气体流量，mL/min；

V——实际气体流量，mL/min；

T——实际操作温度，K；

p——实际操作压力，MPa；

T_0——标准状态下的温度，273.15K；

p_0——标准状态下的压力，0.101325MPa；

t_0——达到穿透点的时间，s；

c_0——空气中氮气的体积分数，空气中氮气体积分数为 78%；

c_B——穿透点处氮气的体积分数，%；

$28/(22.4 \times 1000)$——氮气密度，g/mL；

m——分子筛吸附剂的质量，g。

④ 排除障碍型操作

🖋 思考题

（1）变压吸附技术为什么可以实现空气中氮氧分离？

（2）在变压吸附过程中，可以采用的吸附剂种类有哪些？

（3）本实训倾向于变压吸附而非变温吸附的考量因素有哪些？

（4）沸石分子筛在变压吸附中提纯氧气的机制是怎样的？

（5）如何设计实验来优化并确定本实训装置的最佳吸附时间？

（6）气体流速如何影响吸附剂的穿透时间和动态吸附容量？其背后的原理是什么？

（7）在应用变压吸附技术时，需要注意哪些条件以确保变压吸附过程高效运行？

（8）为何氮氧分离需控制吸附与脱附的转换时间？变压吸附通常采用的转换时间范围是怎样的？

（9）本实训为何忽略吸附过程的热效应？哪些吸附过程必须考虑热效应对吸附过程的影响？

（10）在本实训装置中，一个完整的吸附循环涉及哪些操作环节？

（11）吸附压力如何影响吸附剂的穿透时间和动态吸附容量？其背后的原理是什么？

（12）若实训目标转为获得富氮，现有实训装置及操作方案需做哪些调整？

第8章
精馏操作及障碍排除实训

 导读

2023年，由南京宝色股份公司承制的海南逸盛石化有限公司年产250万吨PTA项目全球最大钛钢复合板高压精馏塔成功吊装。该钛钢复合板高压精馏塔主要技术特点有三点：①板式塔独特的塔板设计使得气液两相在塔内得到充分接触和传质，提高了产品的分离效率和纯度；②该钛钢复合板高压精馏塔是全球最大的同类设备之一，展现了宝色股份在大型非标装备制造方面的强大实力，同时该设备的智能化水平也较高，便于操作和管理；③宝色股份在设备制造过程中攻克了多项技术难题，体现了我国企业在化工精馏设备方面卓越的自主创新能力。这台总长80m、直径8.5m、净重1300t的钛钢复合板高压精馏塔成功吊装并投入使用，不仅提升了PTA项目的生产效率和产品质量，还展现了板式塔精馏技术在化工生产中的重要作用和广阔前景。

8.1 ▶ 实训背景

8.1.1 基本概念

精馏操作是利用液体混合物内各成分挥发性能的差异，使得部分液体混合物发生汽化，所获蒸气随部分冷凝，进而达成混合物中各组分的有效分离。这一操作属于传质分离范畴的单元操作，在炼油、化工及轻工业等多个领域得到深入应用。其原理在于对原料液进行加热，促使部分液体蒸发，其中易挥发成分在蒸气中富集，而难挥发成分则在剩余液体中浓缩，从而实现两组分的初步分离。两组分的挥发性能差异愈显著，其富集效果便愈明显。在工业实践中，精馏流程还需配套物料储存、输送、热交换、分离、控制等全面的设备与仪表。

板式塔作为一种专为气-液或液-液体系设计的分级接触传质装置，广泛应用于石油、化工、医药及轻工业中的精馏、吸收（解吸）、萃取等传质操作。与填料塔的设计理念不一样，板式塔内部配置有塔板，气-液传质活动主要在塔板上方的液层空间内进行，采用逐级接触的方式促进气液间的相互作用。操作过程中，液体依靠重力作用自上而下流经各层塔板，最终从塔底排出；而气体则在压差驱动下自下而上穿越塔板，直至塔顶释放。每块塔板上维持着一定深度的液层，气液两相通过塔板上精心设计的孔道结构实现充分接触（包括逆流与错流模式），以达成高效的传质与传热。

本实训装置依据精馏操作实训教学的特点，特别选用了水-乙醇的组合作为精馏过程的介质体系，以保障实训活动的安全性与有效性。

8.1.2 实训原理

简单蒸馏与平衡蒸馏受限于其单次部分汽化与冷凝的机制，仅能实现液体混合物的部分分离，无法达到深度提纯的效果。相比之下，精馏技术通过循环多次执行部分汽化与冷凝的步骤，显著增强了混合物分离的效果，直至达到预设的组分比例。例如，初始乙醇浓度低于10%的发酵液，在经历单次简单蒸馏后，乙醇浓度可提升至约50%，而连续进行多次蒸馏操作，则能进一步将浓度提升至65%以上，且通过不断重复此过程，乙醇的纯度有望继续攀升。同样原理，多次平衡蒸馏也能逐步分离并提升特定组分的纯度。

理论上，通过多次的部分汽化操作，可以在液相中富集出高纯度的难挥发组分；相应地，多次的部分冷凝则能在气相中收集到高纯度的易挥发组分。然而，若直接将这一过程分散至多个加热釜与多个冷凝器中逐一实现，不仅会导致设备规模无比庞大，还会伴随巨大的能源消耗。

为了优化这一过程，图8-1展示了一种采用回流机制的精馏系统。在此系统中，各级装置间形成了巧妙的热量与质量交换网络。在最顶层的装置中，分离后的气相可直接作为产品导出，而液相则作为回流液返回至下一级装置。在最底层的装置中，液相产品被收集，而气相则逆向上升，成为上一级的气相回流。这种设计使得上一级的冷却回流液与下一级的热蒸气相遇时，发生高效的热量与质量交换：高温蒸气为低温液体提供热量，促进其部分汽化，同时自身也因热量散失而部分冷凝，实现了传热和传质。值得注意的是，在此连续回流的过程中，中间各级并不直接产出产品，也无须额外增设加热或冷凝设备，从而大大简化了系统结构并降低了能耗。

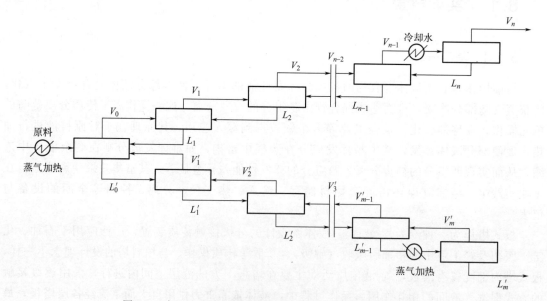

图 8-1　有回流多次部分冷凝和部分汽化的精馏系统示意图

在工业生产中，精馏工艺的核心在于精馏塔内，其通过精妙地将多次部分汽化与部分冷凝过程融为一体，实现了高效分离。连续精馏操作模式，以其不间断的进料与出料流程，构建了一个稳态操作过程。

　　如图 8-2 所描绘，设定操作总压为 101.33kPa 以下，苯与甲苯的混合液初始状态以 A 点表示，其温度为 t_1 且组成为 x_1。当此混合液自 A 点加热至 t_3 的 E 点时，因 E 点恰好位于两相共存区域，故混合液发生部分汽化，分为达到平衡状态的气相（y_2 浓度）与液相（x_2 浓度，且 $x_2 < x_1$）。随后，将浓度为 x_2 的饱和液相独自加热至 t_4 的 F 点，再次达成新的平衡状态，产生浓度更低的液相 x_3（$x_3 < x_2$）及与之平衡的气相 y_3。此过程循环往复，最终可提炼出苯含量极低的液相，即近乎纯净的甲苯产品。

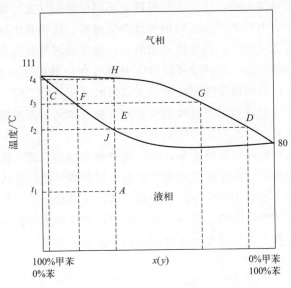

图 8-2　苯-甲苯精馏相图

　　将上述气相 y_2 冷凝至 t_2，也可以分成达到平衡的气液两相，如图 8-2 中的 D 点和 J 点，得到气相的浓度为 y_1，$y_1 > y_2$，依次类推，最后可得到近似于纯净的苯。

　　鉴于上述分析，将各级精馏过程中的液相产品有效回流至下一级，同时将气相产品上升至上一级，这一设计策略不仅显著提升了目标产品的回收效率，更是维持精馏过程连续、稳定运行不可或缺的基石。两相回流的实施，确保了精馏塔内热量与质量的均衡传递，促进了各组分在塔内的充分接触与分离，是实现高效、稳定精馏操作的必要条件之一。

8.1.3　实训基础知识

　　在连续蒸馏工艺中，核心设备涵盖蒸馏塔、冷凝与冷却装置、再沸系统，并可能辅以原料预热模块及回流泵等辅助设施。原料流体先通过预热设备加热至预设温度，随后在指定加料板注入蒸馏塔内。进入塔内后，该流体与自精馏段下行的液体汇合，逐层向下溢流，最终汇聚至塔底再沸器中。每一层塔板上，回流液体与上升的蒸气发生交互，实现热量与质量的传递。

　　在稳定运行的连续蒸馏过程中，塔底会不断抽取一部分液体（即残液），而剩余液体汽化生成的蒸气则逐级穿越所有塔板，最终进入冷凝器被完全冷凝。冷凝产物中，一部分被回送至塔内作为回流液，另一部分则经过进一步冷却，作为塔顶的最终产品（即馏出液）被收集。

此过程中，原料液以连续方式从塔的中部通过加料管引入，同时塔顶与塔底持续产出产品，确保了蒸馏操作的连续性与稳定性。

通常，将原料液进入塔所经过的塔板定义为加料板，以此为界，蒸馏塔被划分为精馏段与提馏段两大区域。加料板以上的区域称为精馏段，加料板以下的区域称为提馏段。精馏段的任务是沿塔向上逐步富集上升气流中的易挥发成分。相反，提馏段则负责沿塔向下逐层增加下行液相中难挥发组分的浓度。而塔板的作用，则是构建一个场所，该场所可以促进气相与液相之间高效地传质和传热。

在塔板中，密布着众多小孔，这些小孔促进了不同层级间气流与液流的交互。由于温度梯度与浓度差异的存在，上升的气流会经历部分冷凝过程，使得其中较难挥发的成分转移至液相中。同时，冷凝过程中释放的热量传递给液相，促使液相部分汽化，进而使易挥发成分进入气相。这一过程的结果是，离开塔板继续上升的气相中易挥发成分的浓度得到了增大，而下降的液相中难挥发成分的浓度则相较于进入该层时有所提升。每一层塔板都充当了双向传质的媒介，因此，每一层塔板都可以视为一个混合分离单元。通过增加塔板数量，可以显著提升各组分的分离效果，实现更为彻底的分离。

再沸器通常设计为一种间壁换热设备，其功能是利用饱和水蒸气作为热源，对塔釜内的溶液进行加热。溶液受热后，部分转化为蒸气形态，这些蒸气随后进入塔内，为塔内提供稳定的上升蒸气流。而剩余的液相则作为塔釜的残留液排出系统。

冷凝器同样采用间壁换热原理，部分冷凝后的液体被送回塔顶作为回流使用，以维持塔内的稳定操作条件；而剩余部分则作为最终的液相产品排出系统。

8.2 ▶ 实训目的

① 具备识别并绘制包含仪表控制点的精馏工艺流程图的能力。

② 理解精馏实训装置中设备的功能、构造及特点，通过实训提升在化工生产环境中的实际操作技能。

③ 掌握精馏过程中涉及的传质与传热机制。

④ 理解精馏操作的基本步骤、调节策略以及影响精馏效果的主要因素。

⑤ 熟悉精馏过程中常见的异常情况，并能迅速采取有效措施进行解决。

⑥ 掌握设备、仪表的正确使用技巧，并养成及时维护和保养设备、仪器、仪表的良好习惯。

⑦ 掌握在开车前进行的实训准备流程，以及在停机后实施的恰当的处理流程。

⑧ 熟练掌握从正常开车到稳定操作，再到安全停车的全过程，确保按照既定工艺指标进行操作与调节。

⑨ 具备监控设备运行状态的能力，能够及时发现、准确诊断并妥善处理各类异常状况，同时掌握紧急停车操作的必要技能。

⑩ 掌握利用现代信息技术管理手段，通过实训软件实现现场数据的采集与实时监控。

⑪ 能够准确填写操作记录，并具备对各类数据进行及时、深入分析的能力。

⑫ 熟悉 DCS 操作系统，在实训操作中熟练掌握运用该系统进行控制操作的技巧与方法。

8.3 ▶ 精馏操作实训装置简介

8.3.1 装置的结构

本实训的精馏操作实训装置工艺流程图和现场图分别如图 8-3 和图 8-4 所示。

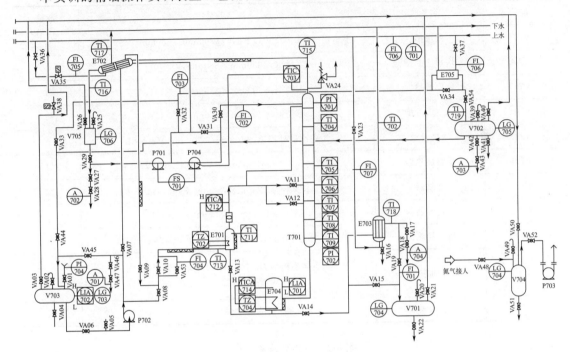

图 8-3　精馏操作实训工艺流程图

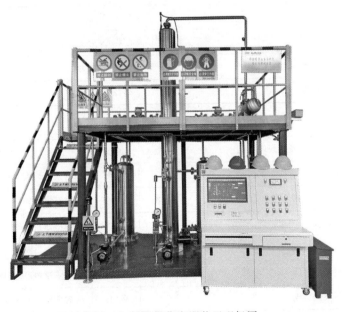

图 8-4　精馏操作实训装置现场图

8.3.2 装置的参数

该装置主要由精馏塔、原料槽、原料加热器、再沸器、换热器、残液槽、原料泵、冷凝器、产品槽、真空缓冲槽和回流泵等设备组成，可以分为静设备、动设备、阀门等，其规格参数等如表 8-1～表 8-3 所示。

表 8-1　主要静设备一览表

位号	名称	规格型号	数量
V701	残液槽	不锈钢(牌号 SUS304,下同),$\phi300\text{mm}\times680\text{mm}$,$V=40\text{L}$	1
V702	塔顶产品槽	不锈钢,$\phi300\text{mm}\times680\text{mm}$,$V=40\text{L}$	1
V703	原料槽	不锈钢,$\phi400\text{mm}\times825\text{mm}$,$V=84\text{L}$	1
V704	真空缓冲槽	不锈钢,$\phi300\text{mm}\times680\text{mm}$,$V=40\text{L}$	1
V705	冷凝液槽	工业高硼硅视镜,$\phi108\text{mm}\times200\text{mm}$,$V=1.8\text{L}$	1
E701	原料加热器	不锈钢,$\phi219\text{mm}\times380\text{mm}$,$V=6.4\text{L}$,$P=2.5\text{kW}$	1
E702	冷凝器	不锈钢,$\phi260\text{mm}\times780\text{mm}$,$F=0.7\text{m}^2$	2
E704	再沸器	不锈钢,$\phi273\text{mm}\times380\text{mm}$,$P=4.5\text{kW}$	1
E703	塔底换热器	不锈钢,$\phi240\text{mm}\times780\text{mm}$,$F=0.55\text{m}^2$	1
T701	精馏塔	主体不锈钢 $DN100$;共 14 块塔板的塔釜: 不锈钢塔釜 $\phi273\text{mm}\times680\text{mm}$	1
E705	产品换热器	不锈钢,$\phi108\text{mm}\times860\text{mm}$,$F=0.1\text{m}^2$	1

表 8-2　主要动设备一览表

位号	名称	规格型号	数量
P704	回流泵	离心泵/齿轮泵	1
P702	原料泵	离心泵/齿轮泵	1
P703	真空泵	旋片式真空泵(流量为 4L/s)	1
P701	产品泵	离心泵	1

表 8-3　主要阀门一览表

序号	位号	设备阀门功能	序号	位号	设备阀门功能
1	VA01	原料槽进料阀	7	VA07	原料泵出口阀(与塔顶相连)
2	VA02	原料槽放空阀	8	VA08	原料泵出口阀
3	VA03	原料槽抽真空阀	9	VA09	精馏塔原料液进口阀
4	VA04	原料槽排污阀	10	VA10	原料泵出口阀
5	VA05	原料槽排气阀	11	VA11	精馏塔原料液进口阀
6	VA06	原料泵进口阀	12	VA12	精馏塔原料液进口阀(低位进料)

序号	位号	设备阀门功能	序号	位号	设备阀门功能
13	VA13	原料加热器排污阀	34	VA34	产品泵出口与产品槽连接阀
14	VA14	再沸器至塔底换热器连接阀门	35	VA35	塔顶冷却水入口的电磁阀(故障阀)
15	VA15	精馏塔排污阀(再沸器排污阀)	36	VA36	塔顶冷凝器冷却水进、出口阀
16	VA16	塔底冷凝器排污阀	37	VA37	产品换热器冷却水进口阀(流量计开关)
17	VA17	残液取样分析阀	38	VA38	真空管道中的电磁阀(故障阀)
18	VA18	残液取样分析阀	39	VA39	产品槽放空阀
19	VA19	残液槽进口阀	40	VA40	产品槽抽真空阀
20	VA20	残液槽放空阀	41	VA41	产品槽排污阀
21	VA21	残液槽抽真空阀	42	VA42	产品槽取样分析阀
22	VA22	塔底产品槽排污阀	43	VA43	产品槽取样分析阀
23	VA23	塔底换热器冷却水进、出口阀	44	VA44	产品槽与原料槽进料口连接阀
24	VA24	塔顶压力安全阀	45	VA45	原料槽回流阀
25	VA25	冷凝液槽放空阀	46	VA46	原料槽取样分析阀
26	VA26	冷凝液槽抽真空阀	47	VA47	原料槽取样分析阀
27	VA27	冷凝液槽取样分析阀	48	VA48	氮气进口阀
28	VA28	冷凝液槽取样分析阀	49	VA49	真空缓冲槽放空阀
29	VA29	冷凝液槽出口阀(产品泵出口阀)	50	VA50	真空缓冲槽进气阀
30	VA30	回流泵出口阀(流量计开关)	51	VA51	真空缓冲槽排污阀
31	VA31	产品泵出口阀	52	VA52	真空缓冲槽抽真空阀
32	VA32	塔顶冷凝器至产品槽阀(流量计开关)	53	VA53	流量计开关阀门
33	VA33	产品泵出口与原料槽进料口连接阀	54	VA55	产品槽入口阀

8.3.3　装置的工艺流程

本装置可进行常压精馏和真空精馏操作，具体如下：

（1）常压精馏流程

在原料槽 V703 中，存储着约含 20％水分的乙醇水溶液。此混合液通过原料泵 P702 输送到原料加热器 E701 中，进行预热处理。预热后的混合液从中间位置注入精馏塔 T701 内，以进行组分分离过程。在精馏塔内，挥发性较强的组分以气相形式从塔顶逸出，并流经冷凝器 E702 进行冷却，冷凝后的液体收集于冷凝液槽 V705 中。一部分冷凝液通过产品泵 P701 被回送至精馏塔 T701 的第一层塔板，作为回流液以维持塔内操作稳定；而另一部分则直接输送至塔顶产品槽 V702，作为最终产品进行收集。与此同时，塔釜中剩余的残液经过塔底换热器 E703 的冷却处理后，排放至残液槽 V701 中。

（2）真空精馏流程

本装置配备了真空操作模式，其主体物料处理流程与常规压力下的精馏流程保持一致。不同之处在于，原料槽 V703、冷凝液槽 V705、产品槽 V702、残液槽 V701 均增设了真空抽取阀门，以实现系统的真空环境。在操作过程中，被抽出的系统内部气体通过真空管道汇集至真空缓冲槽 V704 中，随后由真空泵 P703 进一步抽取并排放至大气中。

8.3.4　装置工艺操作指标及控制方案

在化工生产过程中，精确控制各项工艺参数对于确保产品数量与质量的稳定性至关重要。例如，在干燥工艺中，床层的温度与压差直接关联到干燥效果的好坏。为了满足实际生产及实训操作的需求，通常可采用两种控制策略：一是依赖人工进行直接监控与调节；二是引入自动化控制系统，利用先进的仪表与控制装置替代人工进行实时监测、判断、决策与执行操作，从而实现更为精准与高效的过程控制。

（1）工艺操作指标

压力控制、温度控制等工艺操作指标如表 8-4 所示。

表 8-4　工艺操作指标一览表

操作单元	操作指标
压力控制	系统压力：−0.04～0.02MPa
温度控制（具体可根据原料的浓度来调）	原料加热器出口温度（TICA712）：75～85℃；高限报警：$H=85℃$
	再沸器温度（TICA714）：80～100℃；高限报警：$H=100℃$
	塔顶温度（TIC703）：78～80℃
流量控制	进料流量：10L/h
	回流流量由塔顶温度控制
	产品流量由冷凝液槽液位控制
液位控制	塔釜液位：0～600mm；高限报警：$H=400mm$；低限报警：$L=100mm$
	原料槽液位：0～400mm；高限报警：$H=300mm$；低限报警：$L=100mm$
质量浓度控制	原料中乙醇含量：20％； 塔顶产品乙醇含量：90％； 塔底产品乙醇含量：<5％ （以上浓度指标是用酒精比重计测定所得的乙醇质量分数值， 若分析方法改变，则应作相应换算）

（2）主要控制点的控制方案

① 塔顶温度控制：塔顶温度控制流程图如图 8-5 所示。

② 原料加热器和再沸器温度控制：原料加热器温度控制流程图如图 8-6 所示，再沸器温度控制流程图与之类似。

（3）现场控制柜面板

① 控制柜面板一览表：控制柜面板一览表如表 8-5 所示。

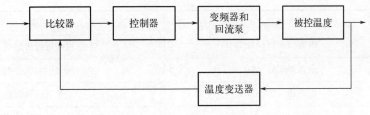

图 8-5 塔顶温度控制流程图

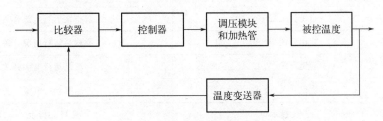

图 8-6 原料加热器温度控制流程图

表 8-5 控制柜面板一览表

序号	名称	功能
1	试验按钮	检查声光报警系统是否完好
2	闪光报警器	发出报警信号，提醒操作人员
3	消音按钮	消除警报声音
4	C3000 仪表调节仪(1A)	工艺参数的远传显示、操作
5	C3000 仪表调节仪(2A)	工艺参数的远传显示、操作
6	标签框	注释仪表通道控制内容
7	标签框	注释仪表通道控制内容
8	仪表开关(7SA)	仪表电源开关
9	报警开关(8SA)	报警系统电源开关
10	空气开关(2QF)	装置仪表电源总开关
11	电脑安装架	放置电脑
12	电压表(PV101)	原料加热器加热管 UV 相电压
13	电压表(PV103)	再沸器 1 号加热管 UV 相电压
14	电压表(PV105)	再沸器 2 号加热管 UV 相电压
15	电流表(PA102)	原料加热器加热管 VW 相电压
16	电压表(PV104)	再沸器 1 号加热管 VW 相电压
17	电流表(PA106)	再沸器 2 号加热管 VW 相电压
18	电源指示灯(1HG)	原料加热器加热指示
19	电源指示灯(2HG)	再沸器加热指示
20	电源指示灯(3HG)	真空泵运行状态指示

序号	名称	功能
21	电源指示灯(4HG)	原料泵运行状态指示
22	电源指示灯(5HG)	回流泵运行状态指示
23	电源指示灯(6HG)	产品泵运行状态指示
24	钥匙开关(1SA)	原料加热器加热开关
25	钥匙开关(2SA)	再沸器加热开关
26	旋钮开关(3SA)	真空泵运行电源开关
27	旋钮开关(4SA)	原料泵运行电源开关
28	旋钮开关(5SA)	回流泵运行电源开关
29	旋钮开关(6SA)	产品泵运行电源开关
30	黄色指示灯	U 相指示
31	绿色指示灯	V 相指示
32	红色指示灯	W 相指示
33	空气开关(1QF)	电源总开关

② PID 控制：在集散控制系统（DCS）的架构内，PID 调节器被用于调控气动阀、电动阀及电磁阀等自动化阀门的开闭状态。PID 调节器提供了灵活的控制模式切换功能，涵盖自动/AUT、手动/MAN 以及串级/CAS 三种操作模式，具体如下。

a. ［AUT］模式：实现计算机自主调控，依据预设算法自动调整阀门状态；

b. ［MAN］模式：转为计算机手动干预，允许操作人员直接控制阀门开度；

c. ［CAS］串级控制模式：采用双调节器串联配置，其中一级调节器的输出作为下一级调节器的目标设定值。

PID 调节器的工作流程分为三步，具体如下。

a. 实时测量值［PV］：通过高精度传感器实时捕获并反馈当前系统状态；

b. 设定值［SP］：计算机系统根据［SP］与［PV］之间的偏差，智能计算并调整阀门开度（即输出值），此过程在自动/AUT 模式下自动执行或调节参数；

c. 输出值［OP］：在手动/MAN 模式下，操作人员可输入 0~100 的百分比值，直接设定阀门开度，实现直观的手动调控。

③ 记录仪组态：记录仪组态如表 8-6 和表 8-7 所示，这些组态在出厂前已设定好，无需进行重新设定。

表 8-6　C3000(A)调节记录仪组态

输入通道					
通道序号	通道显示	位号	单位	信号流量	量程
第一通道					
第二通道	再沸器出口温度	TICA714	℃	4~20mA	0~120mV
第三通道	原料加热器出口温度	TICA712	℃	4~20mA	0~120mV

续表

输入通道

通道序号	通道显示	位号	单位	信号流量	量程
第四通道	精馏塔塔釜压力	PI701	kPa	4～20mA	−100～35mV
第五通道	精馏塔塔顶压力	PI702	kPa	4～20mA	−100～35mV
第六通道	精馏塔塔釜液位	LI701	mm	4～20mA	0～600mV
第七通道	原料槽液位	LI702	mm	4～20mA	0～400mV

输出通道

通道序号	通道显示	位号	信号流量	量程
第一通道	再沸器加热控制	TICV01	4～20mA	0～100mV
第二通道	原料加热控制	TICV02	4～20mA	0～100mV

报警通道

通道序号	通道显示	报警值	开关量通道
第二通道	再沸器出口温度高报	100℃	R01
第三通道	原料加热器出口温度高报	85℃	R02
第六通道	精馏塔塔釜液位高报	400mm	R03
	精馏塔塔釜液位低报	100mm	R04
第七通道	原料槽液位高报	300mm	R05
	原料槽液位低报	100mm	R06

表 8-7 C3000(B)调节记录仪组态

输入通道

通道序号	通道显示	位号	单位	信号流量	量程
第一通道	精馏塔塔顶温度	TI704	℃	4～20mA	0～120
第二通道	精馏塔第三塔板温度	TI705	℃	4～20mA	0～120
第三通道	精馏塔第七塔板温度	TI706	℃	4～20mA	0～120
第四通道	精馏塔第十塔板温度	TI707	℃	4～20mA	0～120
第五通道	精馏塔第十一塔板温度	TI708	℃	4～20mA	0～120
第六通道	精馏塔第十四塔板温度	TI709	℃	4～20mA	0～120
第七通道	塔釜气相温度	TI715	℃	4～20mA	0～120

8.4 ▶ 装置联调试车

在设备安装阶段，已预先实施了全面的装置联调试车，此操作可作为设备大修后实训老师检查用操作，因此日常的实训操作中不再重复此步骤。

　　该装置联调试车，亦称"水试"，利用水、空气等介质替代实际生产原料，模拟生产流程，以验证系统连续处理物料的性能。测试期间，通过对介质实施加热或冷却处理，可评估并确认仪表系统能否准确反映流量、温度、压力、液位等参数，同时监测设备运行状态的稳定性与可靠性。

　　此流程在设备初次启动阶段尤为重要，但在常规的实训教学环节中，可基于实际需求选择性地执行部分检测步骤，而非全面重复。

　　设置装置检查专项小组，该小组由专业操作人员组成，依据工艺流程图及专业技术规范，对装置内的所有设备、管道系统、阀门装置、仪器仪表、电气系统、分析设备以及保温设施等进行全面细致的审查与确认。

8.4.1　设备吹扫

　　由于此过程在装置初次试车时很关键，而且，装置在出厂前已经完成此操作，故此步可以不操作。

8.4.2　系统检漏

　　开启系统内所有设备间的连通管路阀门，同时确保所有排污阀、取样阀以及仪表根部阀门（若压力表未配备根部阀，则需拆卸压力表并以适当方式封闭其引压管接口）处于关闭状态。随后，通过原料槽底部的排污阀 VA04 或其他适宜接口引入水源，向系统内缓慢注入水，同时密切监视进水状况，进行装置的泄漏检查。一旦发现泄漏点，应立即采取措施修复，并根据水位上升的速度适时关闭相应的排气阀。待系统内水量达到预设水平后，关闭排气阀，使系统内部维持一个较低的压力状态（不超过 0.1MPa），并保持此状态持续 10min 以进行稳定性测试。若在此期间系统未出现异常现象，则可视为该步骤完成。接下来，重新开启排气阀并保持其开启状态，同时开启装置低处的排污阀，将系统内积水彻底排出。

8.4.3　系统试车

（1）常压试车

①　开启原料泵进口阀 VA06 与出口阀 VA08，并开启精馏塔原料液进口阀 VA09 及 VA11，同时确保塔顶冷凝液槽的放空阀 VA25 处于开启状态。

②　关闭精馏塔的排污阀 VA15 以及原料加热器的排污阀 VA13，同时切断再沸器至塔底换热器的连接阀 VA14、冷凝液槽出口阀 VA29。

③　开启原料泵 P702，待原料加热器内部被原料液充满（通过观察加热器顶部的透明液位观察窗确认有料液存在）后，开启精馏塔的原料液进口阀 VA11，向再沸器内注入原料液，直至其液位达到预设的正常水平。

④　依次启动原料加热器和再沸器的加热系统，利用调压装置调控加热功率，使系统温度逐渐上升。在此过程中，密切监控加热系统的运行状态，一旦确认系统运行平稳无异常，则停止加热过程，并将系统内残留的水分彻底排出。

（2）真空试车

①　开启真空缓冲槽的抽真空阀 VA52，同时关闭其进气阀 VA50 及放空阀 VA49，以确保真空环境的建立。

② 开启真空泵 P703，并持续运行直至真空缓冲槽内的压力降低至 −0.05MPa 的预设水平。随后，缓慢开启真空缓冲槽的进气阀 VA50 以及原料槽、残液槽、冷凝液槽和产品槽的抽真空阀门（依次为 VA03、VA21、VA26 和 VA40），进行系统整体的真空抽取。当整个系统的压力稳定达到 −0.03MPa 时，关闭真空缓冲槽的抽真空阀 VA52，并停止真空泵的运行。

③ 监测真空缓冲槽内压力的上升情况，若该压力在 10min 内上升不超过 0.01MPa，则可判断为真空系统工作正常。

8.4.4　声光报警系统检验

信号警示系统涵盖五种工作模式：试灯模式、正常模式、警示模式、静音模式及复原模式。

① 试灯模式：在系统处于正常工作状态时，通过操作控制柜面板上的试验按钮 1，验证指示灯回路的功能完整性。

② 正常模式：所有设备运行平稳，无视觉或听觉的警示信号输出。

③ 警示模式：一旦监测到工艺参数偏离预设范围或设备运行状态异常，系统将自动激活控制柜面板上的闪光报警器 2，以视觉与听觉双重方式通知操作人员注意。

④ 静音模式：操作人员可按下控制柜面板上的消音按钮 3，以消除声音警报，但保留视觉警示灯光。

⑤ 复原模式：在确认并处理完所有故障后，信号警示系统会自动回归至正常模式，即无警示信号状态，表示系统恢复正常运行。

8.5 ▶ 精馏操作实训

本装置有配套的化工仿真软件，可先到机房上机进行仿真操作后，再到化工单元实训基地进行如下实训操作。操作之前，请仔细阅读本精馏操作实训内容，必须穿戴合适的实验服、防护手套和安全帽，服从指挥。

8.5.1　实训准备

（1）开车前准备

① 选一名负责人担任组长，负责引领整个操作流程的规划与执行，团队成员则需服从组长及指导教师的指令。

② 所有参与人员必须全面装备，包括实验服、安全头盔、防护手套等个人防护装备。

③ 掌握精馏的基础理论知识，详细了解精馏操作实训装置的流程图，明确实训的具体内容、操作步骤及各项注意事项。

④ 由组长率领组员组建专门的装置检查团队，依据工艺流程图及专业标准，对装置内的所有设备、管道系统、阀门装置、仪表仪器、电气设施、照明设备、分析工具及保温措施等进行全面细致的检查。

（2）开机

① 顺时针旋转各阀门至紧闭状态。

② 细致检查外部电源供给系统，确认控制柜上所有开关均处于关闭位置。

③ 接通控制柜面板的主电源，随后依次开启仪表电源开关。

④ 启动计算机电源，开启计算机设备，为软件操作做好准备。

⑤ 在计算机桌面上点击"实时监控"应用图标，进入精馏实训软件的操作界面，完成登录流程后即可开始实训操作。

（3）备料

① 配制质量分数为20%的乙醇溶液80L，通过原料槽进料阀VA01，加入原料槽，至其容积的1/2～2/3。

② 将冷却水进水总管和自来水龙头相连，冷却水出水总管接软管到下水道，以备待用。

8.5.2　精馏操作

（1）常压精馏操作

常压精馏操作流程为进料→预热→加热→精馏，具体如下。

① 进料，分为如下5个步骤。

a. 将预先调配完成的乙醇水溶液（乙醇质量分数为20%）缓缓注入原料储存槽中，确保混合均匀。

b. 开启控制台与仪表盘的电源，激活系统电力供应。随后，依次开启原料泵的进口与出口阀门（VA06、VA08），以及精馏塔原料液进口的阀门组（VA11、VA12）。

c. 操作塔顶冷凝液槽放空阀VA25，确保其处于开启状态。

d. 关上原料加热器与再沸器的排污阀（VA13和VA15），以及再沸器至塔底冷却器的连接阀VA14。同时，开启塔顶冷凝液槽的出口阀VA29。

e. 首先，开启原料泵进口阀VA06。然后，在操作控制柜面板上，将原料泵的调节旋钮开关27至启动位置，此时原料泵运行状态指示灯21亮起绿色灯光。紧接着，开启原料泵P702后，迅速开启原料泵的出口阀VA10，以实现原料液的快速进入。在原料加热器的上部玻璃视窗显示已充满原料液后，立即将控制柜面板上的原料泵的旋钮开关27转回关闭位置，原料泵运行状态指示灯21的绿色灯光熄灭，关闭原料泵P702。

② 预热，分为如下2个步骤。

a. 在控制柜面板上，将原料加热器加热开关24旋转至开启位置，此时原料加热器加热指示灯18呈现绿色光芒，标志着原料加热器开始工作。随后，在精馏实训软件的操作界面中，轻触"TZ-701"选项，进入"原料预热控制"界面。在手动操作模式下，设定所需的输出值MV，并按下"Enter"键确认。通过缓慢调控原料加热器的加热功率，确保原料在50～60℃的温度范围内进行预热。需要注意的是，若"原料预热控制"系统无法稳定维持温度在此区间，可适时通过钥匙开关24的开启与关闭操作，进行温度的微调与控制。

b. 开启原料泵进口阀VA06，并将控制柜面板示意图中的原料泵旋钮开关27旋转至启动位置，此时原料泵运行状态指示灯21亮起绿色灯光。接着，启动原料泵P702，依次开启阀门VA08、VA10，随后再开启阀门VA11、VA12，使原料液经过原料加热器后顺利进入精馏塔内。随着再沸器液位的逐渐上升，需密切关注并调整其液位至适宜范围（120～125mm之间）。完成液位调节后，先关上阀门VA11、VA12，再关上阀门VA08、VA10。之后，将控制柜面板上的原料泵旋钮开关27旋转至关闭位置，原料泵运行状态指示灯21的绿色灯光熄灭。最后，依次关闭原料泵和原料泵进口阀 VA06。

③ 加热，分为如下 4 个步骤。

a. 打开控制柜面板上的再沸器加热旋钮开关 25，此时再沸器加热指示灯 19 转为绿色，标志着精馏塔再沸器加热系统开始运作。在精馏实训软件的操作界面中，点击"TZ-702"选项，进入"再沸器控制 A"界面。在手动控制模式下，设定所需的输出值 MV，并按下"Enter"键确认。随后，系统将逐渐升温，直至温度测量值（PV）稳定在 95～96℃之间。注意，若"再沸器控制 A"无法维持此温度范围，可通过反复操作开关 25 来调整温度。

b. 在启动再沸器加热系统的同时，开启精馏塔塔顶冷凝器的冷却水进、出口阀 VA36，并调节冷却水的流量，确保其在 900～1000L/h 的范围内。

c. 当观察到冷凝液槽的液位达到其总容量的 1/3 时，执行以下操作：首先，开启产品泵 P701 的相关阀门（VA29、VA31）；接着，在操作控制柜面板上，将产品泵运行电源开关 29 旋转至启动位置，此时产品泵运行状态指示灯 23 亮起绿色，表示产品泵 P701 已启动。随后，利用流量计开关 VA30 调整全回流流量，使系统进入全回流操作模式。在此模式下，需持续监控并调整，以确保冷凝液槽的液位稳定在其总容量的 1/3 处，同时维持系统压力和温度的稳定性。

d. 若系统压力出现偏高情况，可通过适时开启冷凝液槽的放空阀 VA25，适量排放不凝性气体，从而有效调节系统压力至正常范围。

④ 精馏，分为如下 5 个步骤。

a. 在系统达到稳定状态后，执行以下操作：开启塔底换热器的冷却水进、出口阀 VA23，并同时开启再沸器至塔底换热器的连接阀 VA14。此外，需确认阀门 VA19 处于关闭状态。

b. 开启产品槽入口阀 VA54，利用产品换热器冷却水进口阀 VA37 对产品冷凝器的冷凝水流量进行精细调节。随后，在操作控制柜面板上，将回流泵 P704 运行电源开关 28 旋转至启动位置，此时回流泵运行状态指示灯 22 亮起绿色灯光，标志着回流泵已成功启动。接着，利用流量计开关 VA30 对回流量进行适当调整，以实现对塔顶温度的有效控制。

c. 当产品酒精度达到预设范围（85°～90°）时，表明产品已符合质量要求，此时可转入连续精馏操作阶段。在此过程中，开启塔顶冷凝器至产品槽的流量计开关阀门 VA32，并通过调节产品流量来控制塔顶冷凝液槽的液位。

d. 随着再沸器液位的逐渐下降，需及时采取以下措施：首先，开启原料泵进口阀 VA06；接着，在操作控制柜面板上，将原料泵运行电源开关 27 旋转至启动位置，此时原料泵运行状态指示灯 21 将亮起绿色灯光，表示原料泵已启动。随后，适度开启流量计开关阀 VA53，使原料经过原料加热器后送入精馏塔。同时，还需适度调节残液槽进口阀 VA19 的开度，以维持再沸器液位稳定在 120～130mm 之间。

e. 为确保精馏过程的连续性和稳定性，需不断调整和优化各工艺参数，以建立并维持塔内的平衡体系。在此过程中，应密切关注各项操作参数的变化情况，并及时做好操作记录。

（2）减压精馏操作

减压精馏操作流程为进料→预热→抽真空→加热→精馏，具体如下。

① 进料，分为如下 4 个步骤。

a. 将预先调配完成的乙醇水溶液（乙醇质量分数为 20%）缓缓注入原料储存槽中，确保混合均匀。

b. 开启控制台与仪表盘的电源，激活系统电力供应。随后，依次开启原料泵的进口与出口阀门（VA06、VA08），以及精馏塔原料液进口的阀门组（VA11、VA12）。

c. 关上原料加热器与再沸器的排污阀门（VA13 和 VA15），以及再沸器至塔底冷却器的连接阀 VA14。同时，开启塔顶冷凝液槽的出口阀 VA29。

d. 开启原料泵进口阀 VA06。然后，在操作控制柜面板上，将原料泵的旋钮开关 27 旋转至启动位置，此时原料泵运行状态指示灯 21 亮起绿色灯光。紧接着，开启原料泵后，迅速开启原料泵的出口阀 VA10，以实现原料液的快速进入。在原料加热器的上部玻璃视窗显示已充满原料液后，立即将控制柜面板上的原料泵的旋钮开关 27 转回关闭位置，原料泵运行状态指示灯 21 的绿色灯光熄灭，关闭原料泵。

② 预热，分为如下 2 个步骤。

a. 在控制柜面板上，将原料加热器加热开关 24 旋转至开启位置，此时原料加热器加热状态指示灯 18 呈现绿色光芒，标志着原料加热器开始工作。随后，在精馏实训软件的操作界面中，轻触"TZ-701"选项，进入"原料预热控制"界面。在手动操作模式下，设定所需的输出值 MV，并按下"Enter"键确认。通过缓慢调控原料加热器的加热功率，确保原料在 50～60℃的温度范围内进行预热。需要注意的是，若"原料预热控制"系统无法稳定维持温度在此区间，可适时通过钥匙开关 24 的开启与关闭操作，进行温度的微调与控制。

b. 开启原料泵进口阀 VA06，并将原料泵旋钮开关 27 旋转至启动位置，此时原料泵运行状态指示灯 21 亮起绿色灯光。接着启动原料泵 P702，依次开启阀门 VA08、VA10，随后再开启阀门 VA11、VA12，使原料液经过原料加热器后顺利进入精馏塔内。随着再沸器液位的逐渐上升，需密切关注并调整其液位至适宜范围（120～125mm 之间）。完成液位调节后，先关上阀门 VA11、VA12，再关上阀门 VA08、VA10。之后，将控制柜面板上的原料泵旋转开关 27 旋转至关闭位置，原料泵运行状态指示灯 21 的绿色灯光熄灭。最后，停止运行原料泵，关闭原料泵进口阀 VA06。

③ 抽真空，分为如下 2 个步骤。

a. 开启真空缓冲槽的进、出口阀门（VA50 和 VA52），同时开启除原料槽之外所有储槽的抽真空阀门，确保原料槽放空状态不变，并关闭系统中其他所有的放空阀门。

b. 在控制柜面板上，将真空泵的运行电源开关 26 旋转至启动位置，此时真空泵运行状态指示灯 20 会亮起绿色灯光，表明真空泵已启动并带动精馏系统开始进行真空抽取。当系统内的压力稳定达到约-0.05MPa 的预设值时，关闭真空缓冲槽的进口阀 VA50，并随后停止真空泵的运行。

④ 加热，分为如下 4 个步骤。

a. 打开控制柜面板上的再沸器加热旋钮开关 25，此时再沸器加热指示灯 19 转为绿色，标志着精馏塔再沸器加热系统开始运作。在精馏实训软件的操作界面中，点击"TZ-702"选项，进入"再沸器控制 A"界面。在手动控制模式下，设定所需的输出值 MV，并按下"Enter"键确认。随后，系统将逐渐升温，直至温度测量值（PV）稳定在 95～96℃之间。注意，若"再沸器控制 A"无法维持此温度范围，可通过反复操作开关 25 来调整温度。

b. 在启动再沸器加热系统的同时，开启精馏塔塔顶冷凝器的冷却水进、出口阀 VA36，并调节冷却水的流量，确保其在 900～1000L/h 的范围内。

c. 当观察到冷凝液槽的液位达到其总容量的 1/3 时，执行以下操作：首先，开启产品泵 P701 的相关阀门（VA29、VA31）；接着，在操作控制柜面板上，将产品泵运行电源开关 29 旋转至启动位置，此时产品泵运行状态指示灯 23 亮起绿色，表示产品泵已启动。随后，利用流量计开关 VA30 调整全回流流量，使系统进入全回流操作模式。在此模式下，需持续监控并调整，以确保冷凝液槽的液位稳定在其总容量的 1/3 处，同时维持系统压力和温度的稳定性。

d. 若系统压力出现偏高情况，可通过适时开启冷凝液槽的放空阀 VA25，适量排放不凝性气体，从而有效调节系统压力至正常范围。

⑤ 精馏，分为如下 5 个步骤。

a. 在系统达到稳定状态后，执行以下操作：开启塔底换热器的冷却水进、出口阀 VA23，并同时开启再沸器至塔底换热器的连接阀 VA14。此外，需确认残液槽进口阀 VA19 处于关闭状态。

b. 开启产品槽入口阀 VA54，利用流量计开关阀 VA37 对产品冷凝器的冷凝水流量进行精细调节。随后，在操作控制柜面板上，将回流泵 P704 运行电源开关 28 旋转至启动位置，此时回流泵运行状态指示灯 22 亮起绿色灯光，标志着回流泵已成功启动。接着，利用流量计开关 VA30 对回流量进行适当调整，以实现对塔顶温度的有效控制。

c. 当产品酒精度达到预设范围（85°～90°）时，表明产品已符合质量要求，此时可转入连续精馏操作阶段。在此过程中，开启塔顶冷凝器至产品槽的流量计开关阀 VA32，并通过调节产品流量来控制塔顶冷凝液槽的液位。

d. 随着再沸器液位的逐渐下降，需及时采取以下措施：首先，开启原料泵进口阀 VA06；接着，在操作控制柜面板上，将原料泵运行电源开关 27 旋转至启动位置，此时原料泵运行状态指示灯 21 将亮起绿色灯光，表示原料泵已启动。随后，适度开启流量计开关 VA53，使原料经过原料加热器后送入精馏塔。同时，还需适度调节残液槽进口阀 VA19 的开度，以维持再沸器液位稳定在 120～130mm 之间。

e. 为确保精馏过程的连续性和稳定性，需不断调整和优化各工艺参数，以建立并维持塔内的平衡体系。在此过程中，应密切关注各项操作参数的变化情况，并及时做好操作记录。

8.5.3　正常停车操作

实训结束后，进行正常停车操作。

（1）常压精馏停车操作

① 终止向系统供料，随后在操作控制柜面板上，将原料加热器加热开关 24 旋转至关闭位置，此时原料加热器加热指示灯 18 的绿色灯光熄灭，标志着原料加热器的加热过程被安全停止。

② 关闭原料泵的两端阀门（VA06、VA08），随后在操作控制柜面板中，将原料泵运行电源开关 27 旋至关闭状态，此时原料泵运行状态指示灯 21 的绿色灯光熄灭，停止运行原料泵。

③ 依据塔内物料的当前状况，操作控制柜面板上的再沸器加热开关 25，将其旋转至关闭位置，同时观察到再沸器加热指示灯 19 的绿色灯光熄灭，表示再沸器的加热过程已被

停止。

④ 待塔顶温度显著降低，且不再有冷凝液流出时，关闭塔顶冷凝器的冷却水进、出口阀 VA36，停止冷却水供应。随后，在操作控制柜面板上，分别将产品泵运行电源开关 29 和回流泵运行电源开关 28 旋至关闭位置，停止产品泵和回流泵的运行，并关闭这些泵的进出口阀门（VA29、VA30、VA31 和 VA32）。

⑤ 待再沸器和原料加热器内的物料充分冷却后，开启再沸器和原料加热器的排污阀（VA13、VA14、VA15），释放其内部物料。同时，开启塔底冷凝器的排污阀 VA16 和塔底产品槽的排污阀 VA22，排出塔底冷凝器和塔底产品槽内的残留物料。

⑥ 关闭控制台和仪表盘的电源供应，确保所有电气设备处于安全断电状态。最后，进行设备及周围环境的整理工作。

（2）减压精馏停车操作

① 终止向系统供料，随后在操作控制柜面板上，将原料加热器加热开关 24 旋转至关闭位置，此时原料加热器加热指示灯 18 的绿色灯光熄灭，标志着原料加热器的加热过程被安全停止。

② 关闭原料泵的两端阀门（VA06、VA08），随后在操作控制柜面板中，将原料泵运行电源开关 27 旋至关闭状态，此时原料泵运行状态指示灯 21 的绿色灯光熄灭，标志着原料泵已停止运行。

③ 依据塔内物料的当前状况，操作控制柜面板上的再沸器加热开关 25，将其旋转至关闭位置，同时观察到再沸器加热指示灯 19 的绿色灯光熄灭，表示再沸器的加热过程已被停止。

④ 待塔顶温度显著降低，且不再有冷凝液流出时，关闭塔顶冷凝器的冷却水进、出口阀 VA36，停止冷却水供应。随后，在操作控制柜面板上，分别将产品泵运行电源开关 29 和回流泵运行电源开关 28 旋至关闭位置，停止产品泵和回流泵的运行，并关闭这些泵的进出口阀门（VA29、VA30、VA31 和 VA32）。

⑤ 待系统温度降至约 40℃ 时，缓慢地旋开真空缓冲槽的放空阀 VA49，以解除真空缓冲槽内的真空状态。之后，同样以缓慢的速度开启精馏系统各处的放空阀，逐步解除整个系统的真空状态，使其恢复至常压操作环境。

⑥ 待再沸器和预热器内的物料充分冷却后，开启再沸器至塔底换热器连接阀门（VA13、VA14、VA15），释放其内部物料。同时，开启塔底冷凝器的排污阀 VA16 和塔底产品槽的排污阀 VA22，排出塔底冷凝器和塔底产品槽内的残留物料。

⑦ 关闭控制台和仪表盘的电源供应，确保所有电气设备处于安全断电状态。最后，进行设备及周围环境的整理工作。

8.5.4 安全注意事项

老师和学生进入化工单元实训基地后必须佩戴合适的防护手套，无关人员不得进入。正常操作注意事项如下：

① 在对精馏塔系统进行自来水试漏检验时，应缓慢向系统内注水，并确保系统高处的排气阀门处于开启状态，以便及时排出空气。同时，需持续监控系统压力变化，严格避免任何超压情况的发生。

② 启动再沸器的加热器进行系统加热之前，必须确保再沸器内的液位至少达到 120 mm 的安全界限，但同时也要控制液位不超过 200mm 的上限，以防止加热器干烧，从而保护设备免受损坏。

③ 原料加热器在启动前，必须确认其内部原料液已充满整个容器，这是为了防止加热器干烧，从而避免设备受损。

④ 在对精馏塔进行加热时，应采取逐步增加加热电压的方式，使塔釜温度缓慢而稳定地上升。过快的升温速度可能导致塔视镜因热胀冷缩而破裂，同时还会促使大量轻、重组分在短时间内同时蒸发至塔釜内，从而延长塔系统达到平衡状态所需的时间。

⑤ 在精馏塔进行初始进料时，应控制进料速度不宜过快，以防止因进料速度过快而导致塔系统过载。

⑥ 在系统处于全回流状态时，应精心调控回流流量与冷凝流量，使其保持基本相等，以确保回流液槽维持一定的液位水平。这一措施旨在防止回流泵因液位过低而抽空。

⑦ 系统全回流流量应设定在 50L/h 左右，以确保塔系统内气液两相能够充分接触，达到良好的传质效果。同时，通过控制流量，还能促进塔内鼓泡现象的明显发生。

⑧ 在执行减压精馏操作时，需将系统压力维持在 −0.04～−0.02MPa 之间。为实现这一控制，采用间歇性启动真空泵的策略。具体而言，当监测到系统压力小于 −0.04MPa 的阈值时，应暂停真空泵运行；反之，若系统压力大于 −0.02MPa，则需重新启动真空泵。

⑨ 减压精馏过程中的采样操作遵循双阀采样法，具体步骤包括：首先开启上端的采样阀门，待样品液体充分填充并流经上端与下端采样阀之间的管道后，迅速关闭上端阀门，并随即开启下端阀门。随后，使用量筒等容器在下端阀门处接取样品液体。采样完毕后，需及时关闭下端阀门。

⑩ 在连续精馏作业中，保持进料流量与采出流量的动态平衡至关重要，要确保两者流量基本相等。同时，各流量计之间的操作需紧密配合，形成默契，以维持整个精馏过程的稳定性和连续性。

⑪ 为了确保塔顶冷凝器的有效工作，其冷却水流量应被精确控制在 400～600L/h 之间。同时，塔底冷凝器的产品出口温度也需被调整并保持在 40～50℃ 之间。

⑫ 在分析方法的选择上，可以采用酒精密度计进行快速直观的密度分析，或者运用色谱分析方法。

此外，行为习惯注意事项参见第 1 章的"行为习惯注意事项"。

8.6 ▶ 精馏障碍排除实训

在精馏的操作过程中，采取间歇性调整特定阀门开闭状态的策略，以诱导精馏系统偏离其标准运行状态，进而复现工业精馏实践中可能遭遇的多种典型故障情景。学生们通过实时监测现场参数的波动及设备运行中的不正常现象，深入剖析故障产生的根源，实施故障排除措施，这一过程不仅加深了他们对工艺流程内在逻辑的理解，还极大地锻炼了其解决实际问题的实践操作技能。学生在完成障碍排除后，提交书面报告，详细记录障碍现象、原因分析、解决方案和操作过程，教师根据学生的操作表现和报告内容进行障碍排除考核。

（1）塔顶冷凝器无冷凝液产生

在精馏的常规运行阶段，教师可以主动操控，隐蔽地将塔顶部位冷凝器冷却水进、出口阀 VA36 关闭，从而暂时中断冷却水的流动。随后，要求学生密切关注并记录系统温度、压力指标以及冷凝器内冷凝物量的变化情况，基于这些观测数据，学生需进行细致的分析，以诊断系统状态异常的具体原因，并采取相应的调整措施，促使精馏系统恢复至其预期的稳定运行状况。

（2）真空泵全开时系统无负压

在减压精馏的常规操作流程中，教师可主动操控，隐蔽地开启真空系统内的电磁阀 VA31，实现该管道与外部环境（即大气）的直接连通。随后，学生需细致观测并记录系统内压力值的变动以及塔顶冷凝器中冷凝物量的变化情况，基于这些实时数据，学生需进行深入的分析，以辨识导致系统偏离正常状态的具体原因，并据此制定并执行相应的调整策略，迅速且有效地将减压精馏系统恢复至其正常的运行条件。

（3）精馏塔液泛

在精馏的常规操作流程中，教师可主动操控，隐蔽地加大加料量，导致精馏塔液泛。随后，学生需细致观测并记录系统温度、压力指标以及冷凝器内冷凝物量的变化情况等，基于这些实时数据，学生需进行深入的分析，以辨识导致系统偏离正常状态的具体原因，并据此制定并执行相应的调整策略，迅速且有效地将精馏系统恢复至其正常的运行条件。

（4）系统压力增大

在精馏的常规操作流程中，教师可主动操控，隐蔽地减少采出量或加大塔釜加热功率，导致系统压力增大。随后，学生需细致观测并记录系统温度、压力指标以及冷凝器内冷凝物量的变化情况等，基于这些实时数据，学生需进行深入的分析，以辨识导致系统偏离正常状态的具体原因，并据此制定并执行相应的调整策略，迅速且有效地将精馏系统恢复至其正常的运行条件。

（5）系统压力负压

在精馏的常规操作流程中，教师可主动操控，隐蔽地加大冷却水流量或降低进料温度，导致系统压力负压。随后，学生需细致观测并记录系统温度、压力指标以及冷凝器内冷凝物量的变化情况等，基于这些实时数据，学生需进行深入的分析，以辨识导致系统偏离正常状态的具体原因，并据此制定并执行相应的调整策略，迅速且有效地将减压精馏系统恢复至其正常的运行条件。

（6）塔压差大

在精馏的常规操作流程中，教师可主动操控，隐蔽地改变回流量，导致精馏塔压差大。随后，学生需细致观测并记录系统温度、压力指标以及冷凝器内冷凝物量的变化情况等，基于这些实时数据，学生需进行深入的分析，以辨识导致系统偏离正常状态的具体原因，并据此制定并执行相应的调整策略，迅速且有效地将减压精馏系统恢复至其正常的运行条件。

8.7 ▸ 实训数据记录

实训数据记录表见表 8-8 和表 8-9。

表 8-8 常压精馏操作记录表

序号	时间	进料系统				塔系统												冷凝系统			回流系统				残液系统		
		原料液槽液位/mm	进料流量/(L/h)	预热器加热开度/%	进料温度/℃	塔釜液位/mm	再沸器加热开度/%	再沸器温度/℃	第三塔板温度/℃	第七塔板温度/℃	第十塔板温度/℃	第十一塔板温度/℃	第十三塔板温度/℃	塔釜蒸气温度/℃	塔釜压力/kPa	塔顶压力/kPa	塔顶蒸气温度/℃	冷凝液温度/℃	冷却水流量/(L/h)	冷却水出口温度/℃	塔顶温度/℃	回流温度/(L/h)	回流流量/(L/h)	产品流量/(L/h)	残液流量/(L/h)	冷却水流量/(L/h)	阀V16的开闭状态
1																											
2																											
3																											
4																											
5																											
6																											
7																											
8																											
9																											

表 8-9　减压精馏操作记录表

缓冲槽压力：＿＿＿＿＿＿

序号	时间	进料系统				塔系统												冷凝系统				回流系统			残液系统		
		原料槽液位/mm	进料流量/(L/h)	预热器加热开度/%	进料温度/℃	塔釜液位/mm	再沸器加热开度/%	再沸器温度/℃	第三塔板温度/℃	第七塔板温度/℃	第十塔板温度/℃	第十一塔板温度/℃	第十三塔板温度/℃	塔釜蒸气温度/℃	塔釜压力/kPa	塔顶压力/kPa	塔顶蒸气温度/℃	冷凝液温度/℃	冷却水流量/(L/h)	冷却水出口温度/℃	塔顶温度/℃	回流温度/(L/h)	回流流量/(L/h)	产品流量/(L/h)	残液流量/(L/h)	冷却水流量/(L/h)	阀V16的开闭状态
1																											
2																											
3																											
4																											
5																											
6																											
7																											
8																											
9																											

（1）操作记录

（2）异常情况记录及处理

（3）障碍排除型操作

思考题

（1）回流在精馏过程中为何至关重要？

（2）在执行精馏操作时，有哪些策略可用于提升回流比？

（3）漏液现象如何定义？针对塔板漏液，应采取哪些改进措施？

（4）为何需先执行全回流操作一段时间后再进行精馏产品采集？

（5）精馏工艺的核心装置构成有哪些？

（6）雾沫夹带是什么现象？如何有效减少或避免其发生？

（7）在实训中如何精准调控塔釜内的压力水平？

（8）塔底再沸器的液位在实训中有何特定要求？这些要求背后的原因是什么？

（9）液面落差这一概念如何理解？它与塔板结构之间存在何种关联？为何会有这样的联系？

（10）减压精馏操作时需注意哪些关键点？通常基于哪些考量选择采用减压精馏？

（11）实训期间，对原料加热器的加热有哪些要求？这些要求背后的理论依据是什么？

（12）在精馏实训中，有哪些实训操作能够体现节能理念？

第 9 章
流化床反应器仿真操作及障碍排除实训

 导读

以流化床反应器在化工和环保领域的应用为例，由上海石化、SEG 研发中心、洛阳（广州）工程公司等单位承担的"100m³/h 生物流化床处理对苯二甲酸污水工业试验"项目业已通过中国石化集团公司的技术鉴定。该项目针对的是对苯二甲酸污水的处理，这是一种传统上难以降解且处理时间长的污水类型。项目组通过五年的努力，成功研制了生物流化床反应器。这一反应器结合了生物膜法和活性污泥法的优点，在反应器内部，生物膜和菌胶团顺着导流筒高速循环流动，实现了气、液、固三相的均匀流化和充分接触，从而显著提高了污水处理效果。与现有工艺相比，该技术装置节能达到 37.4%，污泥排放量减少 20% 以上，挥发性有机化合物减排 70% 以上，装置运行综合成本节省 15%，占地面积减少 59%。这些显著的成效不仅展示了流化床反应器在对苯二甲酸污水处理中的巨大潜力，也为其在化工领域的推广应用提供了有力支持。

9.1 ▶ 实训背景

化工生产过程与其他生产过程的本质区别是其存在化学反应发生，化学反应过程是化工生产的核心。其所用设备——反应器是化工生产中的关键性设备。反应器是一种实现反应过程的设备，用于实现液相单相反应过程和液-液、气-液、液-固、气-液-固等多相反应过程。器内常设有搅拌（机械搅拌、气流搅拌等）装置，在高径比较大时，可用多层搅拌桨叶。在反应过程中物料需加热或冷却时，可在反应器壁处设置夹套，或在器内设置换热面，也可通过外循环进行换热。

固体流态化技术作为一门基础技术已经渗透到国民经济的许多部门，在化工、冶金、石油加工、能源、轻工、生化、机械、环保等领域中得到了非常广泛的应用。利用流态化技术实现的流化床，是指流体（气体或液体）以较高流速通过床层，带动床内固体颗粒运动，使之悬浮在流动的主体流中进行反应，具有类似流体流动的一些特性的装置。

流化床反应器是将流态化技术应用于非均相化学反应的设备，是工业上应用较广泛的一类反应器，适用于催化或非催化的液-液、气-液、液-固、气-液-固反应系统，具有传热、传质速率快，催化剂效率高，操作弹性范围宽，单位设备生产能力大，设备结构简单等优点。相比于间歇反应釜而言，流化床反应器特别适合连续性反应，已经在化工、石油、冶金、核工业、环保等领域得到广泛应用。

本实训的反应机理为：乙烯、丙烯以及反应混合气在一定的温度（70℃），一定的压力下，通过具有剩余活性的干均聚物（聚丙烯）的引发，在流化床反应器里进行反应，同时加入氢气以改善共聚物的本征黏度，生成高抗冲击共聚物。

① 主要原料：乙烯，丙烯，具有剩余活性的干均聚物（聚丙烯），氢气。

② 主产物：高抗冲击共聚物（具有乙烯和丙烯单体的共聚物）。

③ 副产物：无。

④ 反应方程式为：

$$nC_2H_4 + nC_3H_6 \longrightarrow \text{—}[C_2H_4\text{—}C_3H_6]_n\text{—}$$

9.2 ▶ 实训目的

① 了解流化床反应器的工作原理及特点。

② 熟悉流化床反应器开、停车步骤，掌握主要被控变量和操作变量之间的关系及其调整方法。

③ 掌握流化床反应器常见事故的处理方法。

9.3 ▶ 流化床反应器仿真操作实训装置简介

9.3.1 装置结构

本实训的流化床反应器仿真操作实训装置工艺流程图如图 9-1 所示，其仿现场图如图 9-2 所示。

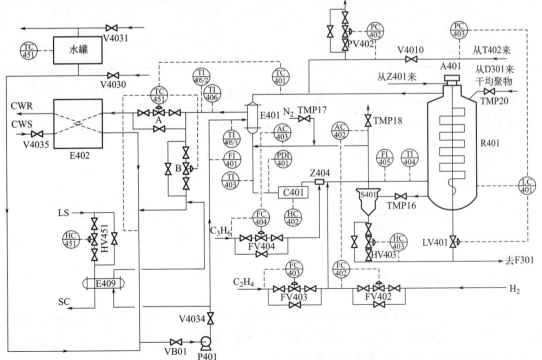

图 9-1　流化床反应器仿真操作实训装置工艺流程图

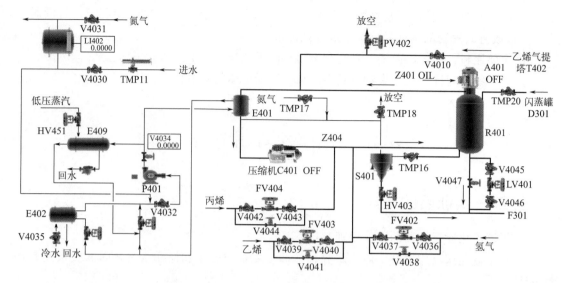

图 9-2 流化床反应器仿真操作实训装置仿现场图

该装置主要由循环压缩机、气体冷却器、共聚反应器、夹套水加热器、开车加热泵和旋风分离器等设备组成，其主要设备一览表如表 9-1 所示，现场阀一览表如表 9-2 所示。如图 9-1 所示，共聚反应器 R401 位于装置的右侧，与循环压缩机 C401、气体冷却器 E401、旋风分离器 S401 等设备通过管道相连，是乙烯、丙烯的非均相共聚反应发生的主要场所。

表 9-1 主要设备一览表

设备名称	位号	设备名称	位号
R401 的刮刀	A401	开车加热泵	P401
循环压缩机	C401	共聚反应器	R401
气体冷却器	E401	旋风分离器	S401
夹套水加热器	E409		

表 9-2 现场阀一览表

位号	名称	位号	名称
TMP16	S401 进口阀	V4030	水罐进水阀
TMP17	系统充氮阀	V4031	氮封阀
TMP18	放空阀	V4032	泵 P401 入口阀
TMP20	自 D301 来的具有活性聚丙烯进料阀	V4034	泵 P401 出口阀
V4010	汽提乙烯进料阀	V4035	循环水阀

9.3.2 工艺流程

该流化床反应器取材于 HIMONT 工艺本体聚合装置，用于生产高抗冲击共聚物。具有剩余活性的干均聚物（聚丙烯），在压差作用下自闪蒸罐 D301 流到该气相共聚反应器 R401。从图 9-1 可以看出，其工艺流程如下：

① 在气体分析仪控制下，氢气被加到乙烯进料管道中，以改进聚合物的本征黏度，满足加工需要。

② 聚合物从顶部进入流化床反应器，落在流化床的床层上。流化气体（反应单体）通过一个特殊设计的栅板进入反应器。由反应器底部出口管路上的控制阀来维持聚合物的料位。聚合物料位决定了停留时间，从而决定了聚合反应的程度，为了避免过度聚合的鳞片状产物堆积在反应器壁上，反应器内配置一转速较慢的刮刀，以使反应器壁保持干净。

③ 栅板下部夹带的聚合物细末，用一台小型旋风分离器 S401 除去，并送到下游的袋式过滤器中。

④ 所有未反应的单体循环返回到流化压缩机的吸入口。

⑤ 来自乙烯汽提塔顶部的回收气相与气相反应器出口的循环单体汇合，而补充的氢气、乙烯和丙烯加入循环压缩机排出口。

⑥ 循环气体用工业色谱仪进行分析，调节氢气和丙烯的补充量。

⑦ 调节补充的丙烯进料量以保证反应器的进料气体满足工艺要求的组成。

⑧ 用脱盐水作为冷却介质，用一台立式列管式换热器将聚合反应热撤出。该换热器位于循环压缩机之前。

⑨ 共聚物的反应压力约为 1.4MPa，温度为 70℃。注意，该系统压力位于闪蒸罐压力和袋式过滤器压力之间，从而在整个聚合物管路中形成一定压力梯度，以避免容器间物料返混并使聚合物向前流动。

9.3.3　装置调节及仪器仪表控制指标

在共聚反应过程中，各个工艺变量都需满足一定的控制标准。其中，有些工艺变量对共聚物的产量和质量具有至关重要的影响。尽管有些工艺变量并不直接决定共聚物的产量和质量，但保持其稳定却是实现生产良好控制的基础。该装置的调节器及其正常工况操作参数如表 9-3 所示，其显示仪表及正常工况操作参数如表 9-4 所示。

表 9-3　调节器及其正常工况操作参数

位号	被控变量	所控调节阀位号	正常值	单位	正常工况
AC402	反应产物中 H_2/C_2 之比	FV402	0.18	℃	投自动
AC403	反应产物中 C_2/C_3 之比	FV404	0.38		投自动
FC402	氢气进料量	FV402	0.35	kg/h	投串级
FC403	乙烯进料量	FV403	567.0	kg/h	投自动
FC404	丙烯进料量	FV404	400.0	kg/h	投串级
HC402	压缩机导流叶片开度		40	%	投自动
HC403	旋风分离器底阀开度	HV403	40	%	投自动
HC451	低压蒸汽流量	HV451	0.0	%	投自动
LC401	R401 料位	LV401	60	%	投串级
PC402	R401 压力	PV402	1.4	MPa	投自动
PC403	R401 压力	LV401	1.35	MPa	投自动
TC401	循环气入口 C401 温度	A	70	℃	投自动
		B			

续表

位号	被控变量	所控调节阀位号	正常值	单位	正常工况
TC451	脱盐水温度	A	50	℃	投串级
		B			

表 9-4　显示仪表及其正常工况操作参数

位号	显示变量	正常值	单位
AI40111	R401 中未反应气体中 H_2 含量	0.0617	%
AI40121	R401 中未反应气体中 C_2H_4 含量	0.3487	%
AI40131	R401 中未反应气体中 C_2H_6 含量	0.0026	%
AI40141	R401 中未反应气体中 C_3H_6 含量	0.58	%
AI40151	R401 中未反应气体中 C_3H_8 含量	0.0006	%
FI401	E401 循环水流量	56.0	t/h
FI405	R401 气相进料流量	120.0	t/h
TI403	E401 循环气出口温度	60.0	℃
TI404	R401 原料气入口温度	60.0	℃
TI405/1	E401 入口水温度	45.0	℃
TI405/2	E401 出口水温度	50.0	℃
TI406	E401 出口水温度	50.0	℃
LI402	水罐液位	50	%

9.4 ▶ 仿真操作实训

9.4.1　实训准备

① 熟悉工艺流程和各工艺参数，尝试调节各阀门，观察其对各工艺参数的影响，从中学习用正确的方法调节各工艺参数，维护各工艺参数稳定。

② 密切注意各工艺参数的变化，发现不正常变化时，应先分析事故原因，并做及时正确地处理。

③ 准备工作还包括：系统中用氮气充压，循环加热氮气，随后用乙烯对系统进行置换（按照实际正常的操作，用乙烯置换系统要进行两次，考虑到时间关系，只进行一次）。这一过程完成之后，系统准备开始单体开车。

冷态开车流程：开车准备（系统充压）→干态运行开车→共聚反应物开车→稳定状态的过渡

9.4.2　开车准备

（1）系统氮气充压加热

① 充氮：启动充氮阀 TMP17，用氮气给反应器系统充压。

② 当氮充压至 0.1MPa 时，按照正确的操作规程，启动 C401 循环压缩机，将导流叶片（HC402）定在 40%。

③ 环管充液：启动循环压缩机后，开启进水阀 V4030，给水罐充液，开启氮封阀 V4031。

④ 当水罐液位大于 10% 时，开启泵 P401 入口阀 V4032，启动泵 P401，调节泵出口阀 V4034 至开度为 60%，冷却水循环流量 FI401 达到 56t/h 左右。

⑤ 打开反应器至旋分器阀 TMP16，手动开低压蒸汽阀 HC451，启动加热器 E409，加热循环氮气。

⑥ 开循环水阀 V4035。

⑦ 当循环氮气温度 TC401 达到 70℃ 时，脱盐水温度 TC451 投自动，调节它的设定值为 68℃，维持氮气温度 TC401 在 70℃ 左右。

（2）氮气循环

① 当反应系统压力达 0.7MPa 时，关充氮阀 TMP17。

② 在不停压缩机的情况下，用 R401 压力调节器 PC402 和放空阀 TMP18 给反应系统泄压，即将 PC402 调至 0.0MPa。

③ 在充氮泄压操作中，不断调节 TC451 设定值，维持 TC401 温度在 70℃ 左右。

（3）乙烯充压

① 当系统压力降至 0.0MPa 时，关闭 PV402。

② 由 FC403 开始调节乙烯进料，当乙烯进料量达到 567.0kg/h 时，改为投自动调节。

③ 乙烯使系统压力 PC402 达到 0.25MPa，并继续维持 TC401 在 70℃ 左右。

9.4.3 干态运行开车

在聚合物进入之前，共聚集反应系统具备合适的单体浓度，另外通过该步骤也可在实际工艺条件下，预先对仪表进行操作和调节。

（1）反应进料

① 启动氢气进料 FV402，打开 V4036 和 V4037，当乙烯充压至 0.25MPa（表）时，将 FV402 投自动控制，氢气进料设定在 0.102kg/h。

② 启动丙烯进料 FV404，打开 V4042 和 V4043，当系统压力升至 0.5MPa（表）时，将 FV404 投自动控制，丙烯进料设定在 400kg/h。

③ 打开乙烯汽提塔的进料阀 V4010。

④ 当系统压力升至 0.8MPa（表）时，打开旋风分离器 S401 底阀 HC403 至 20% 开度，维持系统压力缓慢上升。

（2）准备接收闪蒸罐 D301 来的均聚物

① 再次加入丙烯，将 FC404 改为手动，调节丙烯进料阀 FV404 为 85%。

② 当 AC402 调节器（调节反应产物中 H_2/C_2 之比）和 AC403 调节器（调节反应产物中 C_2/C_3 之比）平稳后，调节 HC403 开度至 25%。

③ 启动共聚反应器的刮刀，准备接收从 D301 来的均聚物，并用调节器 TC451 继续维持 TC401 在 70℃ 左右。

9.4.4 共聚反应物开车

① 确认系统温度 TC451 维持在 70℃左右。

② 当系统压力升至 1.2MPa 时，开大 HC403 开度为 40％和反应器出口阀前后阀 V4045 和 V4046，设置 LV401 在 20％～25％，以维持流态化。

③ 打开来自 D301 的聚合物进料阀 TMP20。

④ 停低压加热蒸汽，关闭低压蒸汽流量调节阀 HV451。

⑤ 调节 TC451，使气相共聚反应器 R401 气相出口温度维持在约 70℃。

9.4.5 稳定状态的过渡

（1）反应器的液位

① 随着 R401 料位的增加，系统温度将升高，及时降低 TC451 的设定值，不断取走反应热，维持 TC401 温度在 70℃左右。

② 调节反应系统压力在 1.35MPa 时，将 R401 压力调节器 PC402 设置为自动控制，设定值为 1.35MPa。

③ 手动开启反应器出口阀 LV401 至 30％，让共聚物稳定地流过此阀。

④ 当液位达到 60％时，将反应器料位 LC401 设置投自动。

⑤ 随系统压力的增加，料位将缓慢下降，PC402 自动开大，为了维持系统压力在 1.35MPa，将 PC402 设置为自动控制，设定值为 1.40MPa。

⑥ 当 LC401 在 60％投自动后，将 TC401 设置为自动控制，设定值为 70℃。设置 TC451 为串级控制实现 TC401 与 TC451 串级控制。

⑦ 将 PC403 设置为自动控制，设定值为 1.35MPa（表）。

（2）反应器压力和气相组成控制

① 压力和组成趋于稳定时，将 LC401 和 PC403 投串级。

② 将 AC403 设置为自动模式，将 FC404 和 AC403 串级联结。

③ 将 AC402 设置为自动模式，将 FC402 和 AC402 串级联结。

9.4.6 正常停车

正常停车流程为降反应器料位→关闭乙烯进料→关丙烯及氢气进料→氮气吹扫，具体如下：

（1）降反应器料位

① 关闭催化剂进料阀 TMP20。

② 手动缓慢调节反应器出口阀 LV401，使反应器料位 LC401 缓慢下降至 10％以下。

（2）关闭乙烯进料

① 当反应器料位降至 10％，按正确步骤关闭乙烯进料阀 FV403，关乙烯进料。

② 当反应器料位降至 0％，按正确步骤关闭反应器出口阀 LV401。

③ 关旋风分离器 S401 上的出口阀 HV403。

（3）关丙烯及氢气进料

① 手动切断丙烯进料阀 FV404。

② 手动切断氢气进料阀 FV402。

③ 开启排放阀 PV402 至 80% 以上，排放导压至火炬泄压后关闭 PV402。

④ 停反应器刮刀 A401。

（4）氮气吹扫

① 将氮气加入该系统。

② 当压力达 0.35MPa 时，关闭系统充氮阀 TMP17，开 PV402 放火炬。

③ 停压缩机 C401，并泄压。

9.5 ▶ 流化床反应器仿真操作障碍排除实训

在流化床反应器仿真操作过程中，采取间歇性调整特定设备或阀门启闭状态的策略，以诱导流化床反应器偏离其标准运行状态，进而复现工业流化床反应器实践中可能遭遇的多种典型故障情景。学生们通过实时监测现场参数的波动及设备运行中的不正常现象，深入剖析故障产生的根源，实施故障排除措施，这一过程不仅加深了他们对工艺流程内在逻辑的理解，还极大地锻炼了其解决实际问题的实践操作技能。学生在完成障碍排除后，提交书面报告，详细记录障碍现象、原因分析、解决方案和操作过程，教师根据学生的操作表现和报告内容进行障碍排除考核，考核评价表详见附录。

（1）泵 P401 停

在流化床反应器仿真常规操作流程中，教师可主动操控，隐蔽地关闭泵 P401。随后，学生需细致观测并记录系统内各项参数的变化情况，注意到温度调节器 TC451 急剧上升，然后 TC401 随之升高。基于这些实时数据，学生需进行深入的分析，以辨识导致系统偏离正常状态的具体原因，并据此制定并执行相应的调整策略，迅速且有效地将系统恢复至其正常的运行条件。

（2）压缩机 C401 停

在流化床反应器仿真常规操作流程中，教师可主动操控，隐蔽地关闭压缩机 C401。随后，学生需细致观测并记录系统内各项参数的变化情况，注意到系统压力急剧上升。基于这些实时数据，学生需进行深入的分析，以辨识导致系统偏离正常状态的具体原因，据此制定并执行相应的调整策略，迅速且有效地将系统恢复至其正常的运行条件。

（3）丙烯进料停

在流化床反应器仿真常规操作流程中，教师可主动操控，隐蔽地关闭丙烯进料阀 FV404。随后，学生需细致观测并记录系统内各项参数的变化情况，注意到丙烯进料量为 0.0。基于这些实时数据，学生需进行深入的分析，以辨识导致系统偏离正常状态的具体原因，据此制定并执行相应的调整策略，迅速且有效地将系统恢复至其正常的运行条件。

（4）乙烯进料停

在流化床反应器仿真常规操作流程中，教师可主动操控，隐蔽地关闭乙烯进料阀 FV403。随后，学生需细致观测并记录系统内各项参数的变化情况，注意到乙烯进料量为 0.0。基于这些实时数据，学生需进行深入的分析，以辨识导致系统偏离正常状态的具体原因，据此制定并执行相应的调整策略，迅速且有效地将系统恢复至其正常的运行条件。

（5）闪蒸罐 D301 供料停

在流化床反应器仿真常规操作流程中，教师可主动操控，隐蔽地关闭 D301 供料阀 TMP20。随后，学生需细致观测并记录系统内各项参数的变化情况，注意到 D301 供料停止。基于这些实时数据，学生需进行深入的分析，以辨识导致系统偏离正常状态的具体原因，据此制定并执行相应的调整策略，迅速且有效地将系统恢复至其正常的运行条件。

9.6 ▶ 实训数据记录

（1）工艺流程描述

（2）模拟仿真过程

① 干态运行开车：

② 共聚反应物开车：

③ 正常停车：

④ 障碍排除型操作：

 思考题

（1）流化床反应器在乙烯-丙烯共聚中的优势是什么？

（2）如何防止流化床反应器中的结块和堵塞现象？

（3）乙烯-丙烯共聚物在哪些应用领域具有优势？

（4）气相共聚反应的温度为什么绝对不能与所规定的温度有偏差？

（5）气相共聚反应的停留时间是如何控制的？

（6）气相共聚反应器的流态化是如何形成的？

（7）冷态开车时，为什么要首先进行系统氮气充压加热？

（8）什么叫流化床？与固定床相比有什么特点？

（9）请解释以下概念：共聚、均聚、气相聚合、本体聚合。

（10）请简述本实训所选流程的反应机理。

第10章
间歇反应釜仿真操作及障碍排除实训

 导读

根据最近的联合国可持续发展计划和欧盟到 2030 年实现可持续发展和碳中和的社会的愿景，异山梨醇将成为生产精细化学品和可生物降解聚合物的核心生物基构建块之一。通常，异山梨醇是由山梨醇通过酸催化脱水反应合成的，使用的酸包括布朗斯特酸（即 H_2SO_4、HCl 和 H_3PO_4）和路易斯酸（即 $AlCl_3$、$SnCl_4$ 等），其脱水反应一般在均相条件下采用间歇反应釜进行。在工业上，主要使用 H_2SO_4 作为均相催化剂，在 130℃ 的间歇反应釜中以 77% 左右的收率从山梨醇生产异山梨醇。如今，异山梨醇的主要生产商是法国罗盖特公司，其次还有美国 ADM 公司、日本三菱化学、韩国 SK 化学等。

10.1 ▶ 实训背景

反应器是一种实现反应过程的设备，广泛应用于化工、炼油、冶金等领域。反应器用于实现液相单相反应过程和液-液、气-液、液-固、气-液-固等多相反应过程。反应器有多种类型，其中按照操作方式可分：间歇釜式反应器（间歇反应釜）和连续釜式反应器（连续反应釜）。其中，间歇反应器系将原料按一定配比一次性加入反应器，待反应达到一定要求后，一次卸出物料。当操作达到稳定态时，反应器内任何位置上物料的组成、温度等状态参数不随时间而变化；当反应达到一定要求后，停止操作并卸出物料。

间歇反应器的优点是设备简单、操作灵活，同一设备可用于生产多种产品，尤其适合于助剂、制药、染料等工业部门小批量、多品种、反应时间较长的产品的生产。另外，间歇反应器中不存在物料的返混，对大多数反应有利。其缺点是：需有装料和卸料等辅助操作，产品质量也不易稳定。但有些反应过程，如一些发酵反应和聚合反应，实现连续生产尚有困难，仍需采用间歇反应釜。

本实训以 2-疏基苯并噻唑生产为例来了解间歇反应釜的生产特点。2-疏基苯并噻唑是橡胶制品硫化促进剂 DM（2,2-二硫代苯并噻唑）的中间产品，它本身也是硫化促进剂，但活性不如 DM。全流程的缩合反应包括备料工序和缩合工序。考虑到突出重点，将备料工序略去。则缩合工序共有三种原料：多硫化钠（Na_2S_n）、邻硝基氯苯（$C_6H_4ClNO_2$）及二硫化碳（CS_2）。

① 主反应如下：

$$C_6H_4ClNO_2 + Na_2S_n + CS_2 \longrightarrow C_6H_3NO_2 = S-SH + NaCl$$

② 副反应如下：

$$C_6H_4ClNO_2 + Na_2S_n + H_2O \longrightarrow C_6H_4NO_2SCl + Na_2S_2O_3$$

本章中，压强单位采用 atm，$1atm = 1.01325 \times 10^5 Pa$。

10.2 ▶ 实训目的

① 了解间歇反应釜的工作原理及特点。

② 熟悉间歇反应釜开、停车步骤，掌握主要被控变量和操作变量之间的关系及其调整方法。

③ 掌握间歇反应釜常见事故的处理方法。

10.3 ▶ 间歇反应釜仿真操作实训装置简介

10.3.1 装置结构

本实训采用间歇反应釜仿真操作实训装置，其工艺流程图和仿现场图分别如图 10-1 和图 10-2 所示。

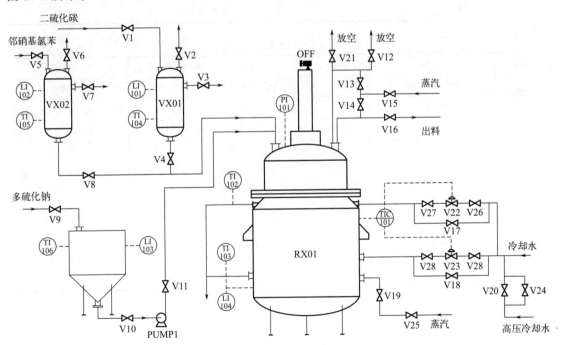

图 10-1　间歇反应釜仿真工艺流程图

该装置主要由间歇反应釜、CS_2 计量罐、邻硝基氯苯计量罐和 Na_2S_n 沉淀罐等设备组成，其主要设备一览表如表 10-1 所示，现场阀一览表如表 10-2 所示。如图 10-1 所示，间歇反应釜 RX01 位于装置的右侧，与 CS_2 计量罐 VX01、邻硝基氯苯计量罐 VX02 等设备通过管道相连，是多硫化钠、邻硝基氯苯及二硫化碳发生反应的主要场所。

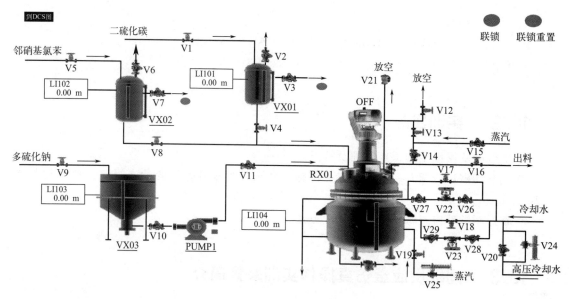

图 10-2　间歇反应釜仿现场图

表 10-1　装置主要设备位号表

设备名称	位号	设备名称	位号
间歇反应釜	RX01	邻硝基氯苯计量罐	VX02
CS_2 计量罐	VX01	Na_2S_n 沉淀罐	VX03

表 10-2　现场阀一览表

位号	名称	位号	名称	位号	名称
V1	VX01 进料阀	V11	PUMP1 后阀	V21	RX01 安全阀
V2	VX01 放空阀	V12	RX01 放空阀	V22	RX01 高压冷却水控制阀
V3	VX01 溢流阀	V13	增压蒸汽控制阀(停车吹扫)	V23	RX01 夹套冷却水控制阀
V4	VX01 出料阀	V14	出料管蒸汽预热阀	V24	V20 的电磁阀
V5	VX02 进料阀	V15	增压蒸汽总阀	V25	夹套加热蒸汽电磁阀
V6	VX02 放空阀	V16	RX01 出料阀	V26	V22 的前阀
V7	VX02 溢流阀	V17	V22 旁通阀	V27	V22 的后阀
V8	VX02 出料阀	V18	V23 旁通阀	V28	V23 的前阀
V9	VX03 进料阀	V19	夹套加热蒸汽控制阀	V29	V23 的后阀
V10	PUMP1 前阀	V20	高压冷却水阀		

10.3.2　工艺流程

如图 10-1 所示，将来自备料工序的 CS_2、$C_6H_4ClNO_2$、Na_2S_n 分别注入计量罐 VX01、VX02 及沉淀罐 VX03 中，经计量沉淀后利用位差及离心泵 PUMP1 送入反应釜 RX01 中，釜温由夹套中的蒸汽、冷却水及蛇管中的冷却水控制（设有分程控制调节器 TIC101，只控制冷却水）。通过控制反应釜温来控制反应速率及副反应速率，获得较高的收率及确保反应过程安全。

　　在本工艺流程中，主反应的活化能要比副反应的活化能高，因此升温后更利于反应收率。在 90℃ 的时候，主反应和副反应的速率比较接近，因此，要尽量延长反应温度在 90℃ 以上的时间，以获得更多的主反应产物。

10.3.3　装置的工艺操作指标

　　釜内蛇管中的冷却水由 RX01 夹套冷却水控制阀 V23 和 RX01 高压冷却水控制阀 V22 通过调节器 TIC101 分程控制，被控变量为 RX01 釜温度，两调节阀的分程动作如图 10-3 所示，TIC101 的正常工况为手动，被控变量正常值为 115℃。

　　其余显示仪表正常工况操作参数及仪表报警一览表如表 10-3 及表 10-4 所示。

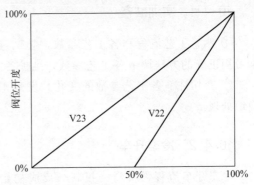

图 10-3　调节器 TIC101 分程动作示意图

表 10-3　显示仪表及其正常工况操作参数

位号	显示变量	正常值	单位	位号	显示变量	正常值	单位
TI102	RX01 夹套冷却水出口温度	25	℃	LI101	VX01 液位	0	m
TI103	RX01 蛇管冷却水出口温度	25	℃	LI102	VX02 液位	0	m
TI104	VX01 温度	29	℃	LI103	VX03 液位	0.08	m
TI105	VX02 温度	40	℃	LI104	RX01 液位	2.3	m
TI106	VX03 温度	40	℃	PI101	RX01 压力	0	atm

表 10-4　仪表报警一览表

位号	说明	类型	正常值	量程高限	量程低限	工程单位	高报	低报	高高报	低低报
TIC101	反应釜温度控制	PID	115	500	0	℃	128	25	150	10
TI102	反应釜夹套冷却水温度	AI		100	0	℃	80	60	90	20
TI103	反应釜蛇管冷却水温度	AI		100	0	℃	80	60	90	20
TI104	CS_2 计量罐温度	AI		100	0	℃	80	20	90	10
TI105	邻硝基氯苯计量罐温度	AI		100	0	℃	80	20	90	10
TI106	多硫化钠沉淀罐温度	AI		100	0	℃	80	20	90	10
LI101	CS_2 计量罐液位	AI		1.75	0	m	1.4	0	1.75	0
LI102	邻硝基氯苯计量罐液位	AI		1.5	0	m	1.2	0	1.5	0
LI103	多硫化钠沉淀罐液位	AI		4	0	m	3.6	0.1	4.0	0
LI104	反应釜液位	AI		3.15	0	m	2.7	0	2.9	0
PI101	反应釜压力	AI		20	0	atm	8	0	12	0

10.4 ▶ 间歇反应釜仿真操作实训

　　装置开工状态为各计量罐、反应釜、沉淀罐处于常温、常压状态，各种物料均已备好，大部分阀门、机泵处于关停状态（除蒸汽联锁阀外），其仿真操作实训步骤依次为实训准备、冷态开车和热态开车。

10.4.1 实训准备

① 熟悉工艺流程和各工艺参数，尝试调节各阀门，观察其对各工艺参数的影响，从中学习用正确的方法调节各工艺参数，维护各工艺参数稳定；

② 密切注意各工艺参数的变化，发现不正常变化时，应先分析事故原因，并做及时正确地处理。

10.4.2 冷态开车

冷态开车流程为备料→投料→反应初始阶段→反应过程控制→反应结束→出料，具体如下：

（1）备料

① 向沉淀罐 VX03 进料（Na_2S_n），具体分为如下 3 个步骤：

a. 开启 VX03 进料阀 V9，向 VX03 充液；

b. VX03 液位接近 3.6m 时，关小 V9，至 3.6m 时关闭 V9；

c. 静置 4min 备用。

② 向计量罐 VX01 进料（CS_2），具体分为如下 5 个步骤：

a. 开启 VX01 放空阀 V2；

b. 开启 VX01 溢流阀 V3；

c. 开启 VX01 进料阀 V1，开度约为 50%，向 VX01 充液，液位接近 1.4m 时，可关小 V1；

d. 溢流标志变绿后，迅速关闭 V1；

e. 待溢流标志再度变红后，可关闭溢流阀 V3。

③ 向计量罐 VX02 进料（邻硝基氯苯），具体分为如下 4 个步骤：

a. 开启 VX02 放空阀 V6；

b. 开启 VX02 溢流阀 V7；

c. 开启进料阀 V5，开度约为 50%，向罐 VX02 充液，液位接近 1.2m 时，可关小 V5；

d. 溢流标志变绿后，迅速关闭 V5。

（2）投料

① 微开反应器 RX01 的放空阀 V12，准备进料。

② 从 VX03 中向 RX01 中进料（Na_2S_n），具体分为如下 6 个步骤：

a. 打开 PUMP1 前阀 V10，向进料泵 PUMP1 中充液；

b. 打开进料泵 PUMP1；

c. 打开 PUMP1 后阀 V11，向 RX01 中进料；

d. VX03 的液位小于 0.1m 时停止进料，关闭 PUMP1 后阀 V11；

e. 关泵 PUMP1；

f. 关 PUMP1 前阀 V10。

③ 从 VX01 中向反应器 RX01 中进料（CS_2），具体分为如下 3 个步骤：

a. 检查放空阀 V2 开放；

b. 打开 VX01 的出料阀 V4 向 RX01 中进料；

c. 待进料完毕后关闭 V4。

④ 从 VX02 中向反应器 RX01 中进料（邻硝基氯苯），具体分为如下 3 个步骤：

a. 检查放空阀 V6 开放；

b. 打开 VX02 出料阀 V8 向 RX01 中进料；

c. 待进料完毕后关闭 V8。

⑤ 进料完毕后关闭 RX01 的放空阀 V12。

（3）反应初始阶段

① 依次打开阀门 V26、V27、V28、V29，确认阀门 V12、V4、V8、V11 已关闭，打开联锁控制。

② 开启反应釜搅拌器 M1。

③ 适当打开夹套蒸汽控制阀 V19，观察反应釜内温度和压力上升情况，保持适当的升温速度。

④ 控制反应温度直至反应结束。

（4）反应过程控制

① 当温度升至 $55 \sim 65^{\circ}\text{C}$ 左右关闭阀门 V19，停止通蒸汽加热。

② 当温度升至 $70 \sim 80^{\circ}\text{C}$ 左右时微开 TIC101（分程控制冷却水控制阀 V22、V23），控制升温速度。

③ 当温度升至 110°C 以上时，到达反应剧烈的阶段。应小心加以控制，防止超温。当温度难以控制时，打开高压冷却水阀 V20。并可关闭搅拌器 M1 以使反应降速。当压力过高时，可微开放空阀 V12 以降低气压，但放空会使 CS_2 损失，污染大气。

④ 反应温度大于 128°C 时，压力超过 8atm，已处于事故状态，使联锁开关处于"ON"的状态，联锁启动（开高压冷却水阀，关搅拌器，关加热蒸汽阀）。

⑤ 压力超过 15atm（相当于温度大于 160°C）时，反应釜安全阀作用。

（5）反应结束

当 2-巯基苯并噻唑浓度 $>0.1\text{mol/L}$，邻硝基氯苯浓度 $<0.1\text{mol/L}$ 时，反应结束，关闭搅拌器 M1。

（6）出料

① 开放空阀 V12，放可燃气。

② 开阀 V12 $5 \sim 10\text{s}$ 后，关阀门 V12。

③ 打开增压蒸汽总阀 V15、增压蒸汽控制阀 V13，通增压蒸汽。

④ 开出料管蒸汽预热阀 V14 片刻后再关闭。

⑤ 当 RX01 的压力 $PI101 > 4\text{atm}$，打开 RX01 出料阀 V16，出料。

⑥ 出料完毕后，仍需要保持蒸汽吹扫 10s，完成后关闭阀门 V16，再关闭阀门 V15，再关闭阀门 V13。

10.4.3　热态开车

热态开车流程为启动反应→反应过程控制→反应结束→出料，具体如下：

（1）启动反应

① 依次打开阀门 V26、V27、V28、V29。

② 确认 RX01 放空阀 V12 已关闭，并开联锁 LOCK。

③ 开 RX01 搅拌器 M1。

④ 逐渐打开阀门 V19 通入加热蒸汽，控制 RX01 的升温速度。

（2）反应过程控制

① 当温度升至 55～65℃左右关闭阀门 V19，停止通蒸汽加热。

② 当温度升至 70～80℃左右时，微开 TIC101 使温度略大于 50℃，通冷却水。

③ 用 TIC101 维持釜温在 110～128℃之间，若无法维持，打开高压冷却水阀 V20。

（3）反应结束

当邻硝基氯苯浓度<0.1mol/L 时，可认为反应结束，关闭搅拌器 M1。

（4）出料

① 开放空阀 V12，放可燃气。

② 开阀 V12 5～10s 后，关阀门 V12。

③ 打开阀门 V15、V13，通增压蒸汽。

④ 开蒸汽预热阀 V14 片刻后再关闭。

⑤ 当 PI101>4atm，开阀门 V16，出料。

⑥ 出料完毕后，仍需保持蒸汽吹扫 10s，完成后再关闭阀门 V15。

10.5 ▶ 间歇反应釜仿真操作障碍排除实训

在间歇反应釜仿真操作过程中，采取间歇性调整特定设备或阀门启闭状态等策略，以诱导间歇反应釜偏离其标准运行状态，进而复现工业间歇反应釜实践中可能遭遇的多种典型故障情景。学生们通过实时监测现场参数的波动及设备运行中的不正常现象，深入剖析故障产生的根源，实施故障排除措施，这一过程不仅加深了他们对工艺流程内在逻辑的理解，还极大地锻炼了其解决实际问题的实践操作技能。学生在完成障碍排除后，提交书面报告，详细记录障碍现象、原因分析、解决方案和操作过程，教师根据学生的操作表现和报告内容进行障碍排除考核，考核评价表详见附录。

（1）超温（压）

在间歇反应釜仿真常规操作流程中，教师可主动操控，隐蔽地关闭冷却水使得反应釜超温（超压）。随后，学生需细致观测并记录系统内各项参数的变化情况，注意到反应釜温度大于 128℃（气压大于 8atm）。基于这些实时数据，学生需进行深入的分析，以辨识导致系统偏离正常状态的具体原因，据此制定并执行相应的调整策略，迅速且有效地将系统恢复至其正常的运行条件。

（2）搅拌器 M1 停转

在间歇反应釜仿真常规操作流程中，教师可主动操控，隐蔽地关闭搅拌器 M1。随后，学生需细致观测并记录系统内各项参数的变化情况，注意到反应速率逐渐下降为低值，产物浓度变化缓慢。基于这些实时数据，学生需进行深入的分析，以辨识导致系统偏离正常状态的具体原因，据此制定并执行相应的调整策略，迅速且有效地将系统恢复至其正常的运行条件。

（3）冷却水阀 V22 堵塞

在间歇反应釜仿真常规操作流程中，教师可主动操控，隐蔽地使冷却水阀 V22 堵塞。随后，学生需细致观测并记录系统内各项参数的变化情况，注意到开大冷却水阀对控制反应釜温度无作用，且出口温度稳步上升。基于这些实时数据，学生需进行深入的分析，以辨识导致系统偏离正常状态的具体原因，据此制定并执行相应的调整策略，迅速且有效地将系统恢复至其正常的运行条件。

（4）出料管堵塞

在间歇反应釜仿真常规操作流程中，教师可主动操控，隐蔽地模仿出料管硫黄结晶，堵住出料管。随后，学生需细致观测并记录系统内各项参数的变化情况，注意到出料时，内气压较高，但釜内液位下降很慢。基于这些实时数据，学生需进行深入的分析，以辨识导致系统偏离正常状态的具体原因，据此制定并执行相应的调整策略，迅速且有效地将系统恢复至其正常的运行条件。

（5）测温电阻连线故障

在间歇反应釜仿真常规操作流程中，教师可主动操控，隐蔽地使测温电阻线路断开。随后，学生需细致观测并记录系统内各项参数的变化情况，注意到温度显示置零。基于这些实时数据，学生需进行深入的分析，以辨识导致系统偏离正常状态的具体原因，据此制定并执行相应的调整策略，迅速且有效地将系统恢复至其正常的运行条件。

10.6 ▶ 实训数据记录

（1）工艺流程描述

（2）模拟仿真过程
① 冷态开车：

② 热态开车：

③ 正常停车：

④ 排除障碍型操作：

思考题

（1）本实训操作过程中，如何控制反应釜的温度？若反应釜内的温度过高，对反应结果是否有影响？

（2）该反应经历了哪几个阶段？每个阶段有何特点？

（3）该反应釜由哪些部件构成？有哪些操作要点？在反应过程中各起什么作用？

（4）该反应中为什么在反应剧烈初期阶段夹套和蛇管冷却水量不得过大？是否与基本原理相矛盾？

（5）该反应的主、副反应各是什么？主副反应的竞争会导致什么结果？

（6）该反应如何操作才能减少副产物的生成？

（7）一旦该反应超压，有几种紧急处理措施？如何掌握分寸？

（8）该反应超压的原因是什么？为什么不得长时间进行超压放空？

（9）该反应剧烈阶段停止搅拌，为什么能减缓反应速率？

（10）怎样判断 2-巯基苯并噻唑浓度大于 $0.1mol/L$，邻硝基氯苯浓度小于 $0.1mol/L$？

第11章
对苯二甲酸合成工艺的拼装式仿真操作及障碍排除实训

11.1 ▶ 实训背景

化工流程拼装式仿真是一种半实物虚拟仿真技术，它是将化工虚拟仿真与3D打印技术相结合，利用如同积木一样的化工单元装置模块，拼接形成特定的化工流程，再通过工艺装置实物和虚拟仿真系统的实时联动，实现虚拟仿真操作。它巧妙地结合了化工理论与流程模拟，将真实工厂的工艺生产过程在一张桌面上生动再现。它不仅结合了化工基础知识与流程模拟技术，而且通过拼装式操作的化工积木，加深了对工艺流程的理解和对化工单元操作的认识。学生能够通过这一过程，即从阅读流程图、绘制流程图、搭建设备到布局流程，获得全面的学习体验。借助具有视觉冲击力、真实触感和智能操作特性的硬件装置，结合高精度的动态工艺仿真计算技术，学生能够从基础的流程图理解与绘制、设备搭建和布局逐步学习，直至掌握如何通过仿真技术操作化工设备。在完成搭建后，系统不仅能够清晰展示工艺流程，还可以通过改变操作参数（如温度、压力、流量和浓度等）来研究这些参数对工艺流程的影响。通过分析工艺参数与设备操作条件，预测不同工况下的工艺表现，并据此制定优化策略，从而增强模拟真实生产过程的真实性和适用性。因此，利用3D打印技术制作的化工积木进行流程搭建，能够提升实训课堂的直观性、互动性和安全性，避免真实化工生产的高风险，同时模拟真实工况的动态变化，培养学生严谨、耐心的工作态度和追求卓越的工匠精神。

本章所探讨的化工流程拼装式仿真技术——化工积木，分为精馏系列与合成系列两大板块。其中精馏系列可以进行甲醇精馏、乙醇精馏、盐酸和甲烷氯化物分离、脱乙烷塔、脱丙烷塔和低温甲醇吸收塔等六个拼装式仿真操作实训，而合成系列可以完成对苯二甲酸（p-phthalic acid，PTA）合成和甲醇合成等两个拼装式仿真操作实训。接下来，本章将着重介绍PTA合成的拼装式仿真操作及障碍排除。

PTA是苯二甲酸异构体中的一个，化学式为p-$C_6H_4(COOH)_2$。PTA是生产聚酯纤维、薄膜和绝缘漆的重要原料，主要用于生产聚对苯二甲酸乙二醇酯、聚对苯二甲酸丙二醇酯以及聚对苯二甲酸丁二醇酯。据统计，超过90％的PTA会进入聚酯工厂，其中约75％用来生产聚酯纤维，即我们日常所见衣物标签用的"涤纶"；约20％用来生产瓶级聚酯，主要应用于各种饮料的包装，尤其是碳酸饮料；约5％则用于生产膜级聚酯，广泛应用于各类包装材料。

制备PTA的方法可分为高温液相氧化法、转位法和氧化歧化法等。在相同产量的条件下，高温液相氧化法的反应釜体积最小，生产的粗对苯二甲酸（crude terephthalic acid，CTA）晶体粒径大，且产品收率可达90％以上，它是目前主流的PTA生产工艺。本实训采用高温液相催化氧化法，即利用对二甲苯（p-xylene，PX）氧化合成PTA，其生产工艺过程可分为两个部分，氧化单元和加氢精制单元。原料 PX 以醋酸为溶剂，在催化剂作用下与空气中的氧气反应，再经过结晶、分离和干燥得到 CTA。CTA 再进行加氢精制去除杂质，再经结晶分离和干燥得到 PTA。相较于低温液相氧化法，高温液相氧化法虽然原料醋酸和 PX 消耗量比较大，需采用高温高压的反应器，使其对搅拌器、空气压缩机等设备要求较高，进而增加了设备造价，成本较高，但此法反应速率快、流程短、产量高，且产品质量优异，是目前应用最广的生产工艺。

本实训 PTA 的合成采用高温液相氧化法，其反应原理如下：

① PX 在醋酸溶剂中，在高温高压及催化剂作用下，与空气中的氧气进行氧化反应，生成 PTA，主要反应方程式如下：

$$\text{p-xylene} + 3O_2 \xrightarrow[\text{CH}_3\text{COOH}]{\text{催化剂}} \text{terephthalic acid} + 2H_2O$$

② 在反应过程中，除以上主反应外还发生一系列中间反应和副反应，生成一些包括中间产物和副产品在内的杂质，其中主要杂质为对羧基苯甲醛。该反应方程式如下：

$$\text{p-xylene} + \frac{5}{2}O_2 \xrightarrow[\text{CH}_3\text{COOH}]{\text{催化剂}} \text{4-carboxybenzaldehyde} + 2H_2O$$

11.2 ▶ 实训目的

① 掌握 PTA 合成的工艺流程，了解工艺装置的布局设计。

② 认识合成过程中的主要化工设备和管路。

③ 学习阀门的开度调节操作、温度、压力等参数变化过程、泵的开关联动变化等，掌握 PTA 合成操作过程中需要的控制指标。

④ 培养学生的团队精神，以小组为单位，能选择合适的反应器、换热器、流体输送泵、阀门和管道等设备，拼接出一套完整的 PTA 合成工艺。

⑤ 结合仿真操作 DCS 界面和化工单元装置模块上参数变化，实现装置的开车和停车操作。

⑥ 识别 PTA 合成过程中常见故障，如吸收塔液泛、反应器超温和分离罐液位不正常等，并采取相应的故障排除措施。

11.3 ▶ 对苯二甲酸合成工艺的拼装式仿真操作实训装置简介

11.3.1 装置结构

PTA 合成工艺的拼装式仿真装置是由学生根据工艺流程图和 3D 效果图自行搭建的，该装置的工艺流程图和 3D 效果图分别如图 11-1 和图 11-2 所示。

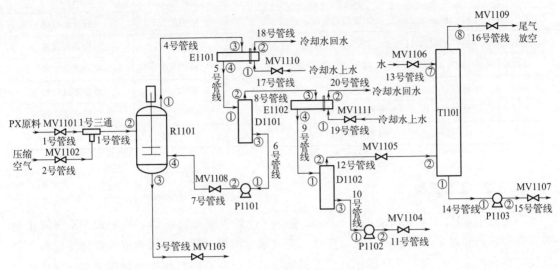

图 11-1　PTA 合成装置的工艺流程图

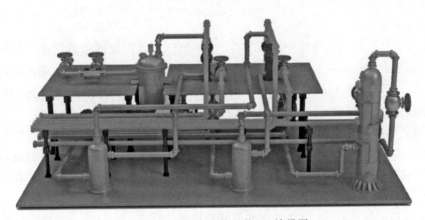

图 11-2　PTA 合成装置的 3D 效果图

　　该装置主要分为静设备、动设备和阀门等，其主要静设备和动设备如表 11-1 所示，主要阀门如表 11-2 所示。

表 11-1　主要动设备和静设备一览表

项目	位号	名称	项目	位号	名称
动设备	R1101	氧化反应器	静设备	P1101	回流泵
	E1101	第一冷凝器		P1102	排出泵
	D1101	脱盐水加热器		P1103	产品泵
	T1101	吸收塔			
	D1102	冷却器			
	E1104	第二冷凝器			

表 11-2　主要阀门一览表

序号	位号	名称	序号	位号	名称
1	MV1101	PX 原料进料阀	7	MV1107	吸收塔出口阀
2	MV1102	空气进料阀	8	MV1108	反应器回流阀
3	MV1103	塔底出口阀	9	MV1109	吸收塔放空阀
4	MV1104	底部出口阀	10	MV1110	冷却水进口阀
5	MV1105	吸收塔气相进料阀	11	MV1111	冷却水进口阀
6	MV1106	吸收塔液相进料阀			

11.3.2　工艺流程

本工艺中，PTA 氧化反应器 R1101 是连续搅拌釜式浆态反应器。原料液 PX 与催化剂溶液混合后，经过泵加压进入氧化反应器。空气通过两根对称的进料管进入氧化反应器。氧化反应器在恒定的温度下进行操作，反应温度由氧化反应器的气相压力间接调节。氧化反应放出的热量由溶剂蒸发而移走，蒸发出的溶剂蒸气经过多级冷凝。冷凝液被送回氧化反应器及进料准备系统，尾气则进入洗涤塔经过洗涤后排放。具体如下：

（1）空气压缩

经过滤的空气在空气压缩机中被压缩至 1.725MPa。该压缩机由蒸汽透平与尾气膨胀机共同驱动。尾气膨胀机利用来自氧化反应器的尾气进行工作。这些尾气在经过催化焚烧反应器处理后，以大约 450℃的温度排放。尾气中所含的多余能量则被发电机转换为电能输出。

（2）进料

含有 PX、醋酸和催化剂的混合液体被输送至氧化反应器中，其中原料 PX 由泵直接从储罐输送到氧化反应器。大部分醋酸溶剂，含有回收的催化剂，是从母液罐通过母液泵送入氧化反应器的。而回收的催化剂则来源于催化剂回收罐，并且会加入一定量的新鲜催化剂。

（3）氧化反应

① 在氧化反应器内，PX 与空气中的氧气发生氧化反应。空气通过六个空气喷嘴进入氧化反应器。在氧化反应器中，搅拌器的作用是使生成的 PTA 晶体保持悬浮状态。反应产生的热量通过蒸发的溶剂和剩余空气的共同作用离开氧化反应器，反应产物则被输送至第一粗对苯二甲酸结晶器。

② 自氧化反应器排出的气体/蒸气进入第一冷凝器 E1101，在此，气体被冷却至约170℃，大部分可凝蒸气被冷凝，从而产生低压蒸气。

③ 从第一冷凝器排出的未冷凝蒸气进入第二冷凝器 E1104 进行进一步冷凝，形成超低压蒸气。在脱盐水加热器 D1101 中，蒸气经过进一步的冷凝以及气液分离，回收的热量被用于加热蒸气凝液。从脱盐水加热器排出的气体随后在冷却器 D1102 中进行最终冷却。

④ 自第一冷凝器和第二冷凝器排出的凝液，连同来自脱盐水加热器的部分凝液，一并回流至氧化反应器。这些富含水的溶剂被输送至溶剂脱水塔。

⑤ 自冷却器排出的气体进入高压吸收塔 T1101，首先使用来自高压溶剂冷却器的 40℃醋酸进行洗涤，随后用中压密封水进行洗涤。从高压吸收塔排出的酸液返回至氧化反应器，而水溶液则被送往溶剂脱水塔。从高压吸收塔排出的气体则进入尾气处理系统。

（4）尾气处理

在尾气加热器中，利用低压蒸气和加热器产生的高压蒸气，将来自高压吸收塔的尾气加热至约 300℃。经过加热的尾气与少量燃料混合后，进入催化焚烧器以去除其中的有害成分。从催化焚烧器排出的尾气直接导入尾气膨胀机。经过膨胀机处理后的低压尾气，在换热器中进行冷却，随后在尾气洗涤塔中进行洗涤处理，将最终得到的清洁的尾气排放至大气中。

11.4 ▶ PTA 合成工艺的拼装式仿真操作实训

11.4.1　搭建拼装式仿真装置

以 4～5 人为一组，分工协作，根据图 11-1，选择合适的反应器、吸收塔、冷凝器、流体输送泵、阀门和管道等装置部件，进行 PTA 合成工艺流程搭建。在此基础上，通过 DCS 仿真模拟在连续搅拌釜式浆态反应器中，PX 在醋酸溶剂中，在高温高压及催化剂作用下，与空气中的氧气进行高温液相氧化反应合成 PTA 的过程。实训中，须在实训记录本上绘制一幅完整的 PTA 合成工艺流程图，并记录搭建所需设备和管线数量及对应编号。此外，也可以拍摄搭建的过程，以便后期对比验证搭建过程是否正确。PTA 合成工艺的拼装式仿真装置搭建现场图如图 11-3 和图 11-4 所示。

图 11-3　PTA 合成工艺的拼装式仿真装置的主视图

11.4.2　开车操作

① 启动 DCS 仿真操作软件：打开电脑开关并登录系统，点击桌面上软件图标，选择工艺进入工艺列表，点击选择 PTA 合成工艺，点击进入。观察 DCS 仿真界面上其设备是否全部点亮，灯光为绿色，如果全部点亮即可点击运行按钮，进行操作（注意：若设备管道没有

(a) 装置左侧

(b) 装置右侧

图 11-4　PTA 合成工艺的拼装式仿真装置的侧视图

正确连接，仿真界面显示设备间的连线为灰色，则在 DCS 系统中无法进行操作）。点击设备或阀门图例，可以查看其相关参数，正常操作工艺参数如下：

　　a. 原料组成（质量分数）：PX20.9％、乙酸 69.7％。其温度正常值为 59℃。

　　b. 压缩空气经加热至 116℃后通入反应器，流量为 118320kg/h 左右。

　　c. 反应温度：正常值为 197℃。

　　d. 6 号管线：流量约 220000kg/h，组成约为：PX0.06％、乙酸 52.5％、水 46.3％、乙酸甲酯 1.1％。

　　e. 10 号管线：流量约 17062kg/h，组成约为：PX0.07％、乙酸 38.1％、水 58.5％、乙酸甲酯 3.2％。

　　f. 产物塔底出料，流量为 93331kg/h，组成约为：PTA33.1％、PX0.2％、乙酸 57.9％和水 8.2％。

　　待设备稳定后，在 DCS 仿真界面中控制各种参数，模拟 PX 在醋酸溶剂中，在高温高压及催化剂作用下，与空气中的氧气进行高温液相氧化反应合成 PTA 的过程，操作过程中时刻关注各参数的变化情况。

　　② 打开吸收塔塔顶的放空阀 MV1109，开度为 50％，以排出不凝气。

　　③ 打开吸收塔 T1101 液相进料阀 MV1106，开度为 100％。

　　④ 打开 E1101 和 E1102 冷却水进口阀门 MV1110 和 MV1111，开度均为 50％。

　　⑤ 打开吸收塔气相进料阀 MV1105，开度为 50％。

　　⑥ 当 T1101 塔釜出现液位上升，调节 MV1106 开度为 50％。

　　⑦ 当 T1101 塔釜液位到达 45％，打开产品泵 P1103 并打开吸收塔出口阀 MV1107 控制液位。

　　⑧ 缓慢打开 PX 原料进料阀 MV1101，初始开度为 20％。

　　⑨ 当氧化反应器 R1101 液位到达 40％时，打开搅拌器按钮（注意：若反应器液位未达 40％即启动搅拌，可能导致设备损坏），微开空气进料阀 MV1102，并缓慢打开塔底出口阀 MV1103。

⑩ 缓慢将 PX 进料阀 MV1101 调节至开度为 50%，并缓慢开大 MV1102 使 R1101 反应温度在 197℃左右（注意：缓慢开大 MV1102 可以避免反应器内压力骤升，导致温度失控）。

⑪ 当脱盐水加热器 D1101 液位到达 45%，打开回流泵 P1101 并调节反应器回流阀 MV1108 开度，同时调节 MV1103，使 R1101 和 D1101 液位稳定在 50%左右。

⑫ 当冷却器 D1102 液位到达 45%，打开排出泵 P1102 并调节底部出口阀 MV1104 开度使 D1102 液位稳定在 50%左右。

11.4.3　停车操作

① 将 MV1101 逐步关闭至 30%，并将 MV1102 同步关小至 30%；

② 完全关闭 MV1101，并把 MV1108 调小至 30%左右；

③ 当 D1101 液体完全排空时，关闭 MV1108 并关闭 P1101，并将冷凝器 E1101 冷却水进口阀门 MV1110 调至 30%；

④ 当反应器 R1101 液体完全排空时，关闭 MV1103，并关闭搅拌按钮；

⑤ 当 D1102 液体完全排空时，关闭 MV1104，并关闭 P1102；

⑥ 关闭冷却水进口阀 MV1110 和 MV1111；

⑦ 完全关闭空气进料阀 MV1102；

⑧ 关闭吸收塔气相进料阀 MV1105，并关闭塔顶液相进料阀 MV1106；

⑨ 将塔底出口阀 MV1107 全开，等待液体排尽后关闭 MV1107 并关闭泵 P1103；

⑩ 关闭塔顶放空阀 MV1109。

当所有步骤做完，点击提交按钮，可得到考评报告。退出软件系统，关闭底板电源，结束实训。

11.5 ▶ PTA 合成工艺拼装式仿真操作障碍排除实训

在进行 PTA 合成工艺的仿真操作时，教师可通过调整特定阀门的工作状态，扰动合成工艺流程的运行，从而模拟出 PTA 实际生产中可能出现的常见故障。学生可实时监测 DCS 仿真界面的运行状态，分析各个化工单元装置模块上显示的参数变化情况，并深入探究故障的根本原因，进而采取有效的故障排除措施。这一过程不仅加深了他们对工艺流程内在逻辑的理解，还显著提升了他们解决实际问题的实践操作技能。学生在完成障碍排除后，提交书面报告，详细记录障碍现象、原因分析、解决方案和操作过程，教师根据学生的操作表现和报告内容进行障碍排除考核。

（1）吸收塔 T1101 液泛

在正常操作过程中，教师给出隐蔽指令，调节吸收塔进料阀 MV1105 或 MV1106 的开度，导致液位不断升高，甚至触发液泛。

学生通过观察吸收塔 T1101 上显示的液位和压力等参数，阀门上显示的流量和开度的变化情况，分析引起系统异常的原因，并作针对性的排障操作，使系统恢复到正常操作状态。

（2）反应器 R1101 超温

在正常操作过程中，教师给出隐蔽指令，调节反应器 R1101 的进料阀门 MV1102 或回流阀 MV1108 的开度，导致反应器 R1101 远超 197℃。

学生通过观察反应器 R1101 显示的反应温度的变化情况，分析引起系统异常的原因，并作针对性的排障操作，使系统恢复到正常操作状态。

（3）脱盐水加热器 D1101 液位过高

在正常操作过程中，教师给出隐蔽指令，调节脱盐水加热器 D1101 的 P1101 开关或 MV1108 的开度，导致 D1101 液位远超 45%。

学生通过观察进料阀门的流量和泵的开关，结合 D1101 和 D1102 显示的液位和压力的变化情况，分析引起系统异常的原因，并作针对性的排障操作，使系统恢复到正常操作状态。

11.6 ▶ 实训数据记录

（1）搭建拼装式仿真装置

按照任务要求，每个小组根据提供的化工单元装置积木模块，选择搭建 PTA 合成工艺所需要的工具和设备等，并填写在表 11-3 中。

表 11-3 搭建 PTA 合成工艺所需工具、设备情况表

序号	名称	数量	对应位号	功能
1				
2				
3				
4				
5				
6				
7				
8				
...				

（2）记录搭建过程

对整个搭建过程进行视频录制或拍摄关键步骤照片，搭建完成后与搭建效果图进行比较，验证搭建是否正确。

（3）绘制工艺流程图并对其进行说明

（4）排除障碍型操作

思考题

（1）本工艺中 PTA 氧化反应器是什么类型反应器，操作过程中是如何控制反应温度以优化产率和纯度？

（2）本工艺中采用了第一冷凝器和第二冷凝器对蒸气进行冷凝，这样做有什么好处？

（3）本工艺中醋酸的用途是什么？生产中如何避免这种酸液对设备造成腐蚀？

（4）本工艺中吸收塔在高压下进行操作，为什么这种操作条件对吸收过程是有利的？

（5）催化剂种类及用量如何影响 PTA 合成的反应速率？

（6）从环保角度考虑，PTA 生产过程中应如何减少废水和废气排放？

第12章
甲醇合成工艺的拼装式仿真操作及障碍排除实训

12.1 ▶ 实训背景

采用化工流程拼装式仿真操作，可以让使用者从看流程图、画流程图、设备搭建与布局这些最简单的功能入手，逐步拓展到如何将一个化工设备通过数字化技术运行起来。当前，甲醇生产过程已逐步开始与数字化技术紧密结合。以六国化工股份有限公司为例，该公司主要从事合成氨和甲醇等产品的生产与销售，面对市场竞争激烈、售价波动性大等挑战，该公司决定通过数字化转型提升竞争力。2016 年以来，六国化工先后引进了德国思爱普公司的 ERP 系统、阿里云的大数据计算平台和工业大脑、杉数科技的智能决策技术等相关数字化技术。在甲醇合成过程中，六国化工利用数字化技术优化甲醇合成工艺，实现了生产参数实时监控与流程优化，提高了企业的生产效率和安全性，为化工行业的数字化转型提供了有益的借鉴和启示。

从技术路线来看，甲醇合成工艺根据原料差异主要分为联醇法、合成气法和液化石油气氧化法等多种类型。其中，合成气法因其广泛的应用而成为主流，该方法主要采用一氧化碳和氢气作为原料，又可细分为高压法、低压法和中压法。高压法是在 $300\sim400℃$、$30MPa$ 的高温高压下合成甲醇，一般采用锌铬催化剂，自 1923 年首次成功应用以来，该方法在近半个世纪内被广泛采用。然而，高压法存在生产压力过高、能耗大、设备复杂以及产品质量不佳等问题。相比之下，低压法是在约 $275℃$、$5MPa$ 条件下合成甲醇，通常使用铜基催化剂，因其选择性更佳、反应条件更为温和，打破了高压法的垄断地位。中压法则是在低压法的基础上发展起来的，在 $5\sim10MPa$ 压力下合成甲醇，一般使用新型铜基催化剂。中压法克服了低压法在生产设备体积和生产能力上的限制，实现了生产过程的大型化。鉴于中压法的这些独特优势，它在甲醇生产领域中的重要性正日益凸显。

本实训中，甲醇的合成采用中压法，即在固定床反应器中，H_2 和 CO 反应生产甲醇，反应温度为 $237℃$，压力为 $8525kPa$，整个反应体系通过压缩机循环升压，并通过蒸汽对固定床内的催化剂进行激活，使反应发生。

主反应： $2H_2 + CO \Longleftrightarrow CH_3OH$

副反应： $3H_2 + CO_2 \Longleftrightarrow CH_3OH + H_2O$，$4H_2 + 2CO \Longleftrightarrow C_2H_5OH + H_2O$

12.2 ▶ 实训目的

① 掌握甲醇合成的工艺流程，了解工艺装置的布局设计。

② 建立对合成气反应及加工的认识。

③ 学习阀门的开度调节操作、温度和压力等参数变化过程以及泵的开关联动变化等，掌握甲醇合成操作过程中需要控制的指标。

④ 培养学生的团队精神，以小组为单位，能选择合适的反应器、换热器、流体输送泵、阀门和管道等设备，拼接出一套完整的甲醇合成工艺。

⑤ 结合仿真操作 DCS 界面和化工单元装置模块上参数变化，实现装置的开车和停车操作。

⑥ 识别甲醇合成过程中常见故障，如反应器温度异常、分离罐液位异常、压缩机流量不稳定等，并采取相应的故障排除措施。

12.3 ▶ 甲醇合成工艺的拼装式仿真操作实训装置简介

12.3.1　装置结构

甲醇合成工艺的仿真装置由学生根据工艺流程图和 3D 效果图自行搭建，该装置的工艺流程图和 3D 效果图分别如图 12-1 和图 12-2 所示。

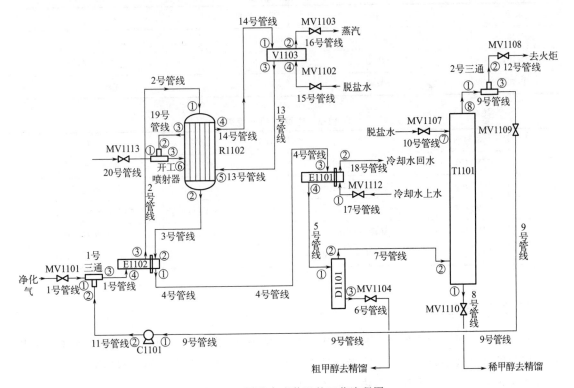

图 12-1　甲醇合成装置的工艺流程图

该装置主要分为静设备、动设备和阀门等，其主要静设备如表 12-1 所示，主要动设备为压缩机 C1101，主要阀门如表 12-2 所示。如图 12-1 和图 12-2 所示，固定床反应器 R1102 是 H_2 与 CO 发生氧化还原反应的场所，它位于装置的上方，与换热器 E1102、锅炉 V1103 等设备通过管道相连。

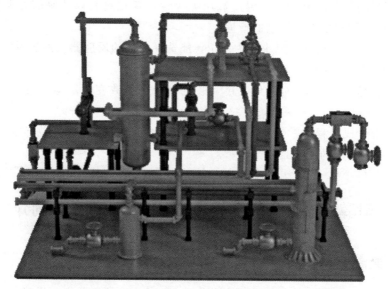

图 12-2　甲醇合成装置的 3D 效果图

表 12-1　主要静设备

位号	名称	位号	名称
E1101	换热器 1	E1102	换热器 2
D1101	分离罐	R1102	固定床反应器
T1101	吸收塔	V1103	锅炉

表 12-2　主要阀门一览表

序号	位号	名称	序号	位号	名称
1	MV1101	净化气进料阀	6	MV1108	吸收塔出口阀
2	MV1102	脱盐水进料阀	7	MV1109	压缩机进口阀
3	MV1103	副产蒸汽出口阀	8	MV1110	吸收塔底出口阀
4	MV1104	储罐出口阀	9	MV1112	冷却水进口阀
5	MV1107	吸收塔液相进口阀	10	MV1113	中压蒸汽进料阀

12.3.2　工艺流程

本工艺中，甲醇合成反应器是固定床反应器 R1102。来自低温甲醇洗工段的新鲜气与来自氢回收的富氢气混合，一起进入换热器 E1102，原料气在换热器中被来自甲醇反应器出口的气体预热后，在固定床反应器中合成为甲醇。具体如下：

（1）原料预热

将净化气（成分的质量分数由多到少依次是 CO、H_2 和 CO_2）与后续反应中未转化的原料（主要是氢气）混合，经预热至 202℃左右后送至固定床反应器 R1102。

（2）反应过程

在固定床反应器中，整个反应体系通过压缩机循环升压，并通过开工蒸汽对固定床反应器内的催化剂进行激活使反应发生。反应温度为 237℃，压力为 8525kPa，反应的生成热由与固定床反应器相连的锅炉 V1103 循环带走并副产蒸汽。

（3）分离过程

生成的甲醇经换热器 E1101 冷凝后，从分离罐 D1101 的下部液相采出，送至精馏工段。其流量为 89970kg/h，其组分为甲醇约 89.08％、水约 8.1％、N_2 约 0.12％和 CO_2 约 1.26％。

（4）尾气处理

分离罐 D1101 顶部气体也含有一部分甲醇和氢气，经吸收塔 T1101 洗涤，在吸收塔底部得到稀甲醇后送去精馏工段。吸收塔顶部的富氢气通过压缩机循环并与原料气混合后送至固定床反应器，剩余送至火炬系统。

12.4 ▶ 甲醇合成工艺的拼装式仿真操作实训

12.4.1　搭建拼装式仿真装置

以 4～5 人为一组，分工协作，根据甲醇合成工艺流程图，选择合适的反应器、分离罐、换热器、流体输送泵、阀门和管道等装置部件，进行甲醇合成工艺流程搭建。在此基础上，通过 DCS 仿真模拟固定床反应器中，CO、CO_2 的合成气在铜基催化剂的作用下与 H_2 反应，控制操作参数得到质量分数为 89％的甲醇。实训中，须在实训记录本上绘制一幅完整的甲醇合成工艺流程图并记录搭建所需设备和管线数量及对应位号。此外，也可以拍摄搭建的过程，以便后期对比验证搭建过程是否正确。甲醇合成工艺的拼装式仿真装置的现场图如图 12-3 和图 12-4 所示。

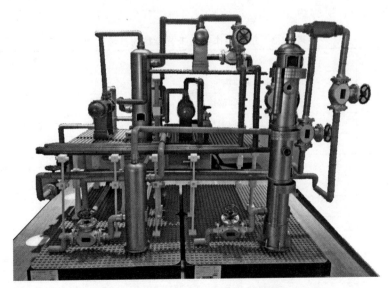

图 12-3　甲醇合成工艺的拼装式仿真装置的主视图

(a) 装置左侧　　　　　　　　　(b) 装置右侧

图 12-4　甲醇合成工艺的拼装式仿真装置的侧视图

12.4.2　开车操作

① 启动 DCS 仿真操作软件：打开电脑开关并登录系统，点击桌面上软件图标，选择工艺进入工艺列表，点击选择甲醇合成工艺，点击进入，观察 DCS 仿真界面上其设备是否全部点亮，全部点亮则灯光显示为绿色，如果全部点亮即可点击运行按钮，进行操作。点击设备或阀门图例，可以查看其相关参数。甲醇合成仿真操作中，原料气的温度正常值为 180℃，按照质量分数其组成为：CO 约 75%、CO_2 约 12.4%、H_2 约 12.6%。通过 DCS 仿真操作过程，可以对甲醇合成工艺的温度、流量、液位和压力进行控制，各工艺参数的参考范围如表 12-3 所示。通过合理调节各参数，从分离罐液相采出的甲醇，其流量约为 89970kg/h，组成为：甲醇约 89.08%、水约 8.1%、N_2 约 0.12% 和 CO_2 约 1.26%。

表 12-3　正常操作中各工艺参数的参考范围

控制项目	控制类别	参考范围
温度控制	净化气进口温度	180℃
	R1102 的进口温度	202℃
	R1102 的反应温度	237℃
	R1102 的出口温度	225℃
流量控制	C1101 的循环量	180000~220000kg/h
	净化气流量	94976~100000kg/h
	生成的甲醇流量	89970kg/h
液位控制	V1103 液位	50%
	T1101 液位	50%
	D1101 液位	50%
压力控制	R1102 压力	8200~8525kPa
	T1101 压力	8300kPa
	V1103 压力	2500kPa

待设备稳定后，在 DCS 仿真界面中操作各种参数，模拟在铜基催化剂的作用下，CO、CO_2 的合成气与 H_2 在固定床反应器中合成甲醇的过程，操作过程中时刻关注各参数的变化情况；

② 打开吸收塔 T1101 的液相进口阀 MV1107，开度为 50%；

③ 当 T1101 液位到达 45%，调节塔底出口阀 MV1110 维持液位稳定在 50%；

④ 打开换热器 E1101 的冷却水进口阀 MV1112，开度为 50%；

⑤ 打开压缩机 C1101 的进口阀 MV1109，开度为 35% 左右，然后启动 C1101，并调节 MV1109 开度使循环量维持在 180000～220000kg/h 之间；

⑥ 打开脱盐水进料阀 MV1102 对锅炉 V1103 进行注水；

⑦ 当 V1103 液位到达 50%，关闭阀门 MV1102；

⑧ 打开中压蒸汽进料阀 MV1113，开度为 10%，对反应器 R1102 进行升温；

⑨ 当 V1103 压力升至 2000kPa，R1102 的出口温度稳定在 225℃ 左右时（达不到则开大中压蒸汽进料阀），打开净化气进料阀 MV1101，开度为 10%；

⑩ 将 MV1113 关小至 5%；

⑪ 当 R1102 出口压力升至 4000kPa，开大 MV1101 至 15%；

⑫ 完全关闭 MV1113；

⑬ 当净化气流量低于 100000kg/h，将 MV1101 缓慢开大至 50%；

⑭ 当循环气流量低于 180000kg/h，将 MV1109 增大至 50%；

⑮ 当分离罐 D1101 液位到达 50% 时，开启储罐出口阀 MV1104；

⑯ 当反应器压力大于 8200kPa 时，打开吸收塔出口阀 MV1108，控制压力在 8300kPa 左右；

⑰ 打开副产蒸汽出口阀 MV1103，调节开度使 V1103 压力在 2500kPa 左右。

12.4.3　停车操作

① 关闭 MV1103，并关闭 MV1102；

② 关闭 MV1101；

③ 将 MV1113 打开，开度为 15%；

④ 将 MV1104 开度设为 100%；

⑤ 观察 T1101 塔顶出口气体组成，当 CO 和 CO_2 的质量分数之和小于 0.5% 时，关闭 MV1113；

⑥ 关闭 T1101 塔顶液相进口阀 MV1107；

⑦ 将 MV1110 开至 100%；

⑧ 关闭 MV1109，关闭循环压缩机 C1101；

⑨ 待液体排干净，关闭 MV1104 和 MV1110；

⑩ 完全打开 MV1108 对吸收塔进行泄压；

⑪ 当吸收塔塔顶压力降至 301.3kPa 以下时，关闭 MV1108；

⑫ 关闭 E1101 冷却水进口阀 MV1112。

当所有步骤做完，点击提交按钮，可得到考评报告。退出软件系统，关闭底板电源，结束实训。

12.5 ▶ 甲醇合成工艺的拼装式仿真操作障碍排除实训

在进行甲醇合成工艺的仿真操作时，教师可采取调节特定阀门开度，改变合成过程的流量、温度、压力等，以诱导甲醇合成过程偏离其标准运行状态，进而复现工业甲醇合成实践中可能遭遇的多种典型故障情景。学生可实时监测 DCS 仿真界面的运行状态和各个化工单元装置模块上显示的参数变化情况，剖析故障的根源，实施故障排除操作。此过程不仅加深了学生对工艺流程内在逻辑的认识，显著提升了其解决实际问题的实践操作技能。学生在完成障碍排除后，提交书面报告，详细记录障碍现象、原因分析、解决方案和操作过程，教师根据学生的操作表现和报告内容进行障碍排除考核。

（1）反应器 R1102 温度过低

在正常操作过程中，教师给出隐蔽指令，调节副产蒸汽阀门 MV1103 的开度，模拟热量带走不足的情况，导致反应器 R1102 温度无法达到 225℃。

学生通过观察固定床反应器 R1102 上温度和液位等参数的变化，及进料阀门 MV1101 和 MV1113 上显示的流量和开度等操作参数的变化情况，分析引起系统异常的原因，并作针对性的排障操作，使系统恢复到正常操作状态。

（2）压缩机 C1101 流量不稳定

在正常操作过程中，教师给出隐蔽指令，调节压缩机进口阀 MV1109 工作状态，使得其流量无法稳定在 180000～220000kg/h 之间。

学生通过观察 MV1107、MV1108 和 MV1109 上流量参数的变化，分析引起系统异常的原因，并作针对性的排障操作，使系统恢复到正常操作状态。

（3）分离罐 D1101 液位不正常

在正常操作过程中，教师给出隐蔽指令，调节分离罐出口阀 MV1104 或进料阀 MV1113 的开度，使得分离罐 D1101 的液位无法达到 50%。

学生通过观察 DCS 仿真界面参数中分离罐 D1101 的液位和 MV1104 等设备上显示的操作参数的变化情况，分析引起系统异常的原因，并作针对性的排障操作，使系统恢复到正常操作状态。

12.6 ▶ 实训数据记录

（1）搭建拼装式仿真装置

按照任务要求，每个小组根据提供的化工单元装置积木模块，选择搭建甲醇合成工艺所需要的工具、设备等，并填写在表 12-4 中。

表 12-4　搭建甲醇合成工艺所需工具、设备情况表

序号	名称	数量	对应位号	功能
1				
2				
3				

续表

序号	名称	数量	对应位号	功能
4				
5				
6				
7				
8				
…				

（2）记录搭建过程

对整个搭建过程进行视频录制或拍摄关键步骤照片，搭建完成后与搭建效果图进行比较，验证搭建是否正确。

（3）绘制工艺流程图并对其进行说明

（4）排除障碍型操作

🖊 思考题

（1）本工艺采用固定床反应器 R1102，其优缺点是什么？反应是放热还是吸热？

（2）本工艺中循环压缩机 C1101 的作用是什么？

（3）本工艺中为什么要通过开工蒸汽对固定床内的催化剂进行激活？

（4）催化剂的选择对甲醇合成的反应效率和产品纯度有何影响？

（5）甲醇合成工艺中涉及甲醇、氢气等易燃易爆原料，请列举三种预防甲醇泄漏的安全措施。

（6）甲醇合成工艺中涉及高温高压操作，如何设计安全措施来预防和处理这些风险？

附录
障碍排除考核评价表

考核项目及分值	考核内容	得分
障碍识别(20分)	1. 准确识别障碍现象(10分) —未能识别障碍现象:0分 —部分识别障碍现象:5分 —准确识别障碍现象:10分 2. 及时发现障碍(10分) —发现障碍时间超过10分钟:0分 —发现障碍时间在5～10分钟:5分 —发现障碍时间在5分钟以内:10分	
原因分析(30分)	1. 分析原因准确、全面(15分) —分析原因不准确或不全面:0分 —分析原因基本准确和全面:8分 —分析原因准确且全面:15分 2. 能够运用所学知识进行合理分析(15分) —未能运用所学知识:0分 —基本运用所学知识:8分 —熟练运用所学知识:15分	
提出解决方案(30分)	1. 提出的解决方案合理、有效(15分) —提出的解决方案不合理或无效:0分 —提出的解决方案基本合理和有效:8分 —提出的解决方案合理且有效:15分 2. 能够正确实施解决方案(15分) —未正确实施解决方案:0分 —基本正确实施解决方案:8分 —正确实施解决方案:15分	
操作规范性(10分)	操作过程中遵循安全规范和操作流程(10分) —存在严重违规操作:0分 —存在轻微违规操作:5分 —完全遵循安全规范和操作流程:10分	
团队协作(10分)	1. 团队成员之间分工明确、协作良好(5分) —分工不明确或协作不佳:0分 —分工基本明确且协作较好:3分 —分工明确且协作良好:5分 2. 能够积极沟通交流、相互支持(5分) —沟通交流不积极或相互支持不足:0分 —沟通交流基本积极和相互支持较好:3分 —沟通交流积极且相互支持良好:5分	
总分		

参考文献

[1] 周晨亮，赫文秀. 化工专业综合实验 [M]. 北京：化学工业出版社，2018.

[2] 马江权. 化工原理实验 [M]. 2版. 上海：华东理工大学出版社，2011.

[3] 程海涛. 化工单元操作综合实训 [M]. 北京：化学工业出版社，2018.

[4] McCabe W L，Smith J C，Harriott P. Unit Operations of Chemical Engineering [M]. 7th Edition. New York：McGraw-Hill College，2004.

[5] Schmal M. Chemical Reaction Engineering：Essentials，Exercises and Examples [M]. Boca Raton：CRC Press，2014.

[6] Upreti S R. Process Modeling and Simulation for Chemical Engineers：Theory and Practice [M]. Hoboken：Wiley，2017.

[7] Foo D. Chemical Engineering Process Simulation [M]. 2th Edition. Amsterdam：Elsevier，2022.

[8] 曾兴业，莫桂娣. 化学工程与工艺专业实验 [M]. 北京：中国石化出版社，2018.

[9] 姚跃良. 化学工程与工艺专业实验 [M]. 北京：化学工业出版社，2018.

[10] 张金利，郭翠梨. 化工基础实验 [M]. 2版. 北京：化学工业出版社，2018.

[11] 周旭章，张慧恩，蔡艳，等. 化学工程实验技术与方法 [M]. 杭州：浙江大学出版社，2012.

[12] 宁波大学一流在线课程《化工障碍排除型实验》https：//coursehome. zhihuishu. com/courseHome/1000088242#teachTeam